上海饭局

SHANG
SHAIFANJU

石磊　著

学林出版社

· 衡山路的拐角

· 落地窗前

· 康健公园前的桥

· 有香樟树的湖南路 20 弄

· 安福路 259 号

自序

关于上海的书写，一向有点吃力不讨好。

想了想，原因大致有二。

一是因为有了一位该死的张爱玲。爱玲小姐仿佛上海书写领域里的珠穆朗玛峰，活生生横亘在那里，挥之不去。上帝想来是对上海这座城，太过眷顾了，赐了一枚张爱玲下来。这位聪明绝顶的小姐，把上海剔骨吸髓，统统写到了家。一百年出一个将军，两百年出一个戏子，几百年出一个张爱玲？后辈们稍稍有点自知之明的，都知道自己一生一世越不过爱玲去。书写上海的吃力不讨好，总要怪在爱玲小姐头上。

二是很奇怪，上海自开埠以来，一直以海纳百川的姿态，富饶着人世，偏偏于书写领域，上海却被定型得极其干瘪简陋。举例说明，比如上海男人，不是吃咖啡的巍峨老克勒，就是下厨房的围裙小男人，好像上海再也没有第三种男人了。好不容易写出点别具怀抱的其他男人来，人家读完了，掏心掏肺跟你赞叹，天啊，你写的，简直不是上海男人。

尽管如此，书写上海，于我仍是一种难言的愉悦，一种如鱼得水的畅肆，以及一种难以停止的惯性。本书记录的食与话，实在是上海生活里，至为美好的两个部分。于美食中享受佳话，天下没有比这更完满的事情了。感恩每一餐的饮食，感恩每一次的长谈。

目 录 | CONTENTS

春天的无轨电车

上海菜，上海话，上海人

上海菜，上海话，上海人

之一

寒蝉当歌，秋意婉转。丁景忠先生召寻菊侣，饮酒品蟹，于思南路月湖萃，由德兴馆名厨徐秀亮大师傅掌勺，贡献一桌醇粹本真的本帮菜。宾主团团坐定，丁先生举杯："谢天谢地，今朝吃饭，终算台面上大家可以讲讲上海话，一台子统统上海人，实在蛮难得的。"

丁先生是海上名医丁甘仁的曾孙，丁家一门数杰，名医辈出，上海中医药大学的前身，即是丁先生曾祖丁甘仁先生创办的。我隔肩，陈忠人先生，外公蒋介石，外婆陈洁如，陈先生是蒋介石陈洁如夫妇的外孙。陈先生七十七岁老人家，还是西装笔挺，衬衣领子里，团一缕绛色丝巾，依稀大班派头，久违了。陈先生慈悲，讲："上海话，对外地人来讲，学起来是蛮难的，五原路和五角场，一个读 wu 原路，一个读 en 角场，侬叫外地人哪能搞得清爽？读成 en 原路、wu 角场，啥宁听得懂？是要急煞人格。落大雨了，一个大肚皮，着件大衣，去复旦大学上课。侬叫外地人讲讲看嗻，落 da 雨了，一个 dada 皮，着件 du 衣，去复旦 du 学上课。"陈先生一字一句讲得缠绵精致，众人手持壮蟹纷纷笑软软。丁先生讲："今年的蟹，吃下来，倒是苏北溱湖的簖蟹，不输阳澄湖大闸蟹，肉甜。"

一盘子油爆虾滚烫上桌，看得出，徐师傅深得李伯荣师傅的真传，这种家家都在做的本帮家常菜，徐师傅治得极有分寸，虾壳酥脆薄嫩，虾肉甜圆饱弹，裹卤甘甜正确，满分之作。舀了一小瓷勺，三只油爆虾，于隔肩陈先生碟子里，陈先生举箸，跟我讲："侬看嗻，三只油爆虾，大中小，上海人呢，先拿小的吃掉它，江北人呢，先拿大的吃掉它。人跟人不一样的。"陈先生与丁先生是幼年同学，都是七旬老耄，问陈先生："你们小时候，是没有上海人外地人这种讲法的，是不是？"陈先生兴致盎然地答："是呀，我们那个时候，只有上海人和江北人之分，江浙一带，苏州人、杭州人、宁波人、绍兴人，都不算外地人，算上海人的。现在么，不对了，一个安徽人，跟一个江西人，生下来的小人，叫上海人了，好像他们自己也觉得有点不好意思，转个弯，叫新上海人。"

关于上海人、外地人、江北人，是历代上海人，仿佛都很想看开、又根本不可能看开的精神症结。听沈宏非讲过，沈家伯伯沈家姆妈是山东来上海的，沈宏非自己小时候，白天在外面跟同学一起骂外地人，晚上回家关起门来，跟父母一起骂上海人。这一代上海人，一路如此人格分裂地成长起来的，恐怕沈宏非一定不是孤例。

韭黄鱼丝一大盘呈宴，玉露金风之姿，大应锦秋之景。鱼丝鲜不胜鲜，滑嫩非凡，韭黄旁添银香一缕，一鲜一香，优雅呼应，确是清隽佳肴。如此秀逸滋味，背后功夫可想而知，这个碟子，真真不是那么容易吃得到的。陈先生讲："某日在我朋友顾家荣那里吃饭，他们顾家，从前也是上海滩豪门，十六铺码头，统统是他们顾家的。那日吃饭，桌上有银蚶，好吃么，是好吃的，但是我嫌鄙银蚶小得一咪咪，吃起来不过念头，我讲哪能不吃毛蚶。乃末完结了，顾家荣笑我：'毛蚶啊，毛蚶是拉榻车朋友吃的啊。'好了，格记霉头，被伊触到印度洋了。他们顾家，十六铺码头上，潮潮泛泛的民工，拉榻车，运货。毛蚶壮大，粗胚吃的。银蚶秀丽，公子小姐吃的。"

蒜子焖河鳗，端上来的时刻，称得起辉煌二字。丁先生在旁嘱我："吃吃看蒜，这个菜，吃鱼之前先吃蒜，蒜对，鱼一定好吃的。"陈先生宽我心："吃吃看，不要怕，蒜烧熟了，没有坏味道的。"那个蒜子，入口即化，浓郁香醇，而河鳗，端整秾丽，搛到小碟里，依然完好，筷尖一点，骨肉分离，一箸入口，真真粉润酥融，滴滴糯。丁先生看我频频颔首不语，放了心，讲："河鳗就是要功夫，焖到滴糯，乃末对了，侬多吃点。滴滴糯，这个词，如今亦是老派上海人才会讲的了，其实是苏州话。从前的上海人家，苏州话多少都会讲几句的。"丁先生陈先生来了好兴致，一句来一句去，讲起苏州话来。陈先生说："苏州人吵架，阿要弄记耳光给侬嗒嗒，腰细垮了，打人家耳光，还要跟人家商量好不好的。耳光味道好不好，还要请人家嗒嗒看的。"从前的人、从前的斯文，如今安在哉？

虾子大乌参端上来，陈先生等这个碟子，等了一顿饭，等大乌参端上来，陈先生倒是把筷子放了下来，说："我姆妈欢喜吃的大乌参，看见大乌参么，想我老娘了。"结果，陈先生自己，一口没吃，瞪眼看着大乌参，看着我吃。老男人想姆妈，我立志，什么时候，好好写一篇来看看。

丁先生讲："讲点'水深火热'给你听好不好？我自己经历过的水深火热。水深，零下八度的天气，一口气跳了海里，冰得完全没有知觉，在崇明，抗灾，一排人跳下去，手拉手。火热，滚烫的锅炉，打开来，鼓风机朝着炉膛吹，我一盆冷水兜头浇下来，冲进锅炉的炉膛里修理，时间只有两分钟，飞速处理好，冲出来，头上搭的一块湿毛巾，干得绷硬，人立在锅炉外面，浑身是收紧的，一滴汗都没有的，立两分钟，乃末汗飙出来了，一歇歇，浑身汤汤滴。"

听了叹息，上海滩锦衣玉食贵公子，从小奶粉拌粥的少爷，水深火热一则则。

丁先生嗜美食，三岁跟着父亲吃东西，那点饮食心得，如今已十分罕见了。酒阑宴散，丁先生讲："下趟，跟侬讲夏梦姆妈家里的私房菜好不好？私房菜么，都是小巧、清淡、精致的东西，现在的人，没有看见过，下趟讲给侬听。"

之二

夕阳余晖旧影，苦茶陈香碎金。薄阴天气，午后缓缓步去香山路丁景忠先生府上，与丁先生啜茗讲古，虚度光阴。

甫落座，丁先生问："上次饭饭，吃得好？我是想让侬晓得晓得真正的本帮菜是什么样子的。"欠身深谢丁先生殷切，后辈如我，真真不敢当的。丁先生讲："韭黄鱼丝赞吧？可惜，缺一口气。那天徐师傅烧两桌菜，要是烧一桌就好了。烧两桌么，韭黄鱼丝端上来，总归差了一点点温度，这个菜上桌，一定要沸火滚烫，乃末韭黄的香，才会浓足。镬气很要紧，差一口气，大推板了。那天的秃肺，侬吃出毛病来了吗？没吃出来？秃肺最后起锅要点醋，那天醋点得不够，差口气。等天再冷一点，乌青的秃肺，更加好吃。"

讲夏梦姆妈屋里的私房菜。

"夏梦姓杨，伊姆妈么，姓葛，苏州人，年轻时候是上海滩有名的美人。80年代，葛老太太年纪大了，住的房子在宛南六村，一房一厅的屋子，屋里用个老佣人，格种老佣人哦，啧啧。

"我那个时候在宛平医院上班，我会推拿的，跟卢湾区中心医院的陆文医生学的。陆文是文盲，一个字不识的，江湖郎中，但是推拿有绝技，伊两根手指头，像两根圆的钢条一样。我小时候在学校里上体育课，跳箱，跳得不得法，跳过头了，伤着了。陆文医生来，一记头，拿错位的椎间盘就推回去了。后来我阿哥跟陆文学推拿，我也跟了旁边学。后来我能够在美国开诊所，就是靠这点绝技。洋人又不是戆大，没有真功夫，哪能骗得到人家？回过来讲葛老太太，当时托了人来跟我讲，能不能常常上门，帮老太太推拿推拿。我答应了，那段时间，就常常去葛府。因为要上班的，只能抽午休时间去，格么常常就在葛家吃中饭了，所以么，葛老太太的私房菜，我是吃着过的。

"从前上海滩的佣人，没有安徽人、江西人、湖北人的，都是江浙两省的，苏州、湖州、常熟、绍兴之类的。葛家的老佣人，烧的是给老太太吃的私房菜，清得不得了，这种菜，外头绝对看不到吃不到。一碟子三丝，鸡丝、冬笋丝、一点点火腿丝，雪白粉嫩，缀一点点红，清蒸出来的。炒蛋，我到现在也没想明白，哪能炒出来的？绝嫩绝嫩，油滗滗，人家讲蛋里加点水，冷锅滚油，我都试过，都炒不出那种蛋来。一碗火腿鸡汤，格是没闲话讲了，碧清碧清，一点点油都没有。现在么，没啥稀奇，有日本滤油纸，有各种各样办法去油，从前是怎么做到的呢？一碗鸡汤，真真清。现在么，火腿也不对了，鸡也不对了，火腿鸡汤不会香的了。从前卖火腿的铺子，火腿旁边，有时候会挂了只小尺寸的腿，是狗腿，老法讲，腌火腿，一缸里面，要有一条狗腿才会香。现在的鸡也差了，炖鸡汤，一定要弄点肉，一起炖，扔只咸蹄髈下去一起炖，乃末汤味道好了。

"现在大家都吃鸡头米，我们小时候吃鸡头米，不是这个样子。小时候家里有水缸，专门拿鸡头米养了水缸里，鸡头米有弹子那么大，一粒粒的，这个东西很难剥，只有我爸爸吃的那一碗，是我姆妈亲手剥的，现剥现煮现吃，吃起来是有清香的。现在鸡头米，都是冷冻过的，哪里还有香味？我们小孩子要吃，都是自己剥，家里佣人都不肯剥的，手指甲都要剥掉的。

"小时候家里到这个季节么，总归要熬蟹油蟹粉，一定要拿猪油熬，乃末红澄澄，不腥气，素油不行的，冻也结不牢固。蟹壳，拿猪油熬一歇，熬好了，拿蟹壳去烧汤，再拿这个汤去煨豆腐，落蟹油蟹粉，格能弄出来的蟹粉豆腐，侬去吃吃看，格么叫好吃了。

"50年代，上海的有名中医，至少有七成，都是我曾祖父丁甘仁一门出来的，那个时候，牯岭路上，有个新城区第二联合诊所，里面都是上海滩名医，我爸爸丁济华也在里面。我小时候一点点大，讲么，是讲要请眼科名医陆家伯伯洗沙眼，实际上么，是想跟了爸爸和叔叔伯伯们去吃。五点多下班，看诊结束，一帮名医就开始商量去哪里吃。像现在这个季节么，要吃同泰祥的清炒蟹黄油，两万八千块一碟子，天要冷，雄蟹三只雌蟹三只，拆出来膏黄，这个物事多少好吃啊，啧啧。吃客吃客，要吃过看见过，才叫吃客。现在不对了，闸北区也出老克勒了，老克勒哪能会跑到闸北区去？我这辈子看见过最大的大闸蟹，是二十来年前，在阳澄湖的蟹农家里看见的，一斤三两重的雄蟹，只给我看看，吃是不给我吃的，蟹农讲，伊儿子马上要过十岁生日了，留给儿子生日吃的。

"我从小欢喜吃，欢喜钻研吃，样样欢喜问清爽。我家从前住在南京西路金城别墅，现在的嘉里中心那里，对面静安分局，从前是我读书的小学。我仔细看过，我家那栋房子的地方，现在开了阿曼尼。阿拉丁家的人，从全世界回来上海，我这个代理族长，都带去南伶吃饭，一边吃饭，一边还可以看看丁家老房子的所在地。我家里的后面就是静安寺，一到初一十五庙会，摆出很多摊子来，卖各色各样吃的，摆在我家后门的，刚巧是新雅，他们的摊子，用的就是我家的电。我欢喜看他们做咕咾肉，侬晓得，咕咾肉要炸几次？我仔仔细细看他们做过，起码要炸四、五次，炸好的里脊肉，松脆，肉嫩。咕咾肉的汁，乃末考究了，是拿新鲜山楂汁勾芡的，紫红色，有果香的，哪里像现在，都是用番茄沙司了。什么后浪推前浪，没这种事情的，侬去看看，哪个后浪，推得过梅兰芳？"

丁先生一边陪我吃咖啡吃蛋糕，一边讲这些往事给我听，最厉害的是，丁先生讲起来，一点火气没有，春水柔橹，风弄莲衣，一句一句，随便跟侬讲讲。"上海人讲殷实人家，有铜钿人家，都是一声不响的。从前我家邻居，金城别墅11号，姓洪的洪家，做造纸生意的，平日里普普通通、没有声音。抗美援朝的时候，默默捐了一架飞机。侬看侬看，做人，千定千定，不好虚荣的。"

与丁先生坐了一个下午，只觉人生劳劳车马，走遍东西南北，一生风景风味风姿，细细翻阅，真真一本好长卷子。

之三

西风飒然起黄叶，梧桐疏疏。上海每到此时此刻，一座华城，变成金粉空梁。礼拜天的下午，挽了女友，姗姗去听戏。开戏之前，于戏园子里，遇见丁景忠先生。丁先生是老听客，从小日场连夜场听书听大的。我们一老一小，都是姜啸博的粉，姜啸博年纪到了，几句杨调，沉郁顿挫，张口就有，好是好得来。逍遥马坐唐天子，龙泪纷纷泣玉人，啧啧，过念头。怪味豆的是，当日每档书，上台来的演员，个个心急火跳，开口就讲，"抓紧辰光抓紧辰光，今朝节目多"。开篇唱得七零八落，喉咙刚刚开，慌慌张张三句唱好，琵琶弦子就放下来了，赛过逃难一般。听客不急，不知演员们急点什么？听戏如此急吼吼么，还有什么味道？更奇异的是，众演员千抓紧万抓紧，为最后一档压台戏腾出宽裕时间，结果么，听听厌气，严雪亭先生的《十五贯》，被台上三位年轻先生，唱得土腥气滚滚，严先生的糯和雅，荡然无存。

散戏，与丁先生过条马路，去对面国际饭店吃咖啡，跟丁先生讲白相。

"上趟讲了夏梦姆妈屋里的私房菜，私房菜么，要极精极细，讲究得不得了，乃末好叫私房菜。炖只蹄髈，屋里总要有个老佣人，搬只凳子坐了蹄髈面前，戴好眼镜，拿只蹄髈处理得绢光滴滑，一根毛都没，火腿冬笋下去炖，格么好吃。这种蹄髈，外头啥地方吃得到？吃蹄髈，最怕吃出事体来，子丑寅还在蹄髈上。"我听了掩嘴笑，腰细了，老前辈讲话促刻得来，蹄髈毛没拔干净，叫子丑寅还在蹄髈上。笑煞。

"大锅菜么，也有大锅菜好吃的菜，小锅菜绝对比不过的菜，红烧肉就是，一斤肉红烧，跟三十斤肉一道红烧，味道不好比的。从前我们去吃小常州菜饭，一碗菜饭，一块四喜肉，一碗双档。菜饭端上来之前，浇一勺子肉卤，哐当摆了侬面前，饭吃吃，肉吃吃，汤吃吃，味道好，吃得适意。"

那日吃完咖啡，与丁先生坐车，从国际饭店到静安寺去吃夜饭，车行一路，丁先生一路如数家珍，将七十年里沿途曾经的美食佳肴们讲给我听。我猜，丁先生眼睛里，大概根本没有金碧辉煌的恒隆、梅龙镇、久光们，他眼睛里看见的，都是一碟子一碟子俱往矣的看家菜们。"喏喏喏，ZARA 这里，从前么，珠江饭店连着平安戏院，平安戏院里面有西餐吃的，不太有人晓得，她家的栗子蛋糕好吃得来。再过去一点，锦沧文华隔壁，一家来喜饭店，德国老太太开的馆子，店里墙上挂满鹿头，一只德国红色拉、一只德国咸猪脚，做得好吃。延庆路路口大福里，里厢有家人家做私房菜的，做的是西餐。罗宋汤，炸猪排，面包，六角钱一客。罗宋汤香得不得了，从前的牛肉多少香，现在不香了。现在的人，罗宋汤摆红肠的，这是什么规矩？听也没听见过。去红房子吃饭，一进门，老板看见我，丁先生来了，吃啥？跟老板讲，要么洋葱汤，要么牛茶。牛茶，现在还有几个人晓得？几个人肯做？牛茶，就是 consomme，拿个牛肉汤吊得碧清碧清，一滴油都没有。by the way，ZARA，侬拿宁波话读读看？"

那日闲话，丁先生颇跟我讲了一点我爸爸我姆妈，听得我感慨万千。一边讲，丁先生一边身上摸出皮夹，掏出随身带着的姆妈的小照给我看。丁先生的母亲殷郁文，也是沪上名中医，精妇科，人称送子娘娘，照片上的八旬老太太，一张雪白的观音脸，慈容霭霭，看得人心软。丁先生讲：

"我姆妈多少不容易，我爸爸 1964 年故世，家里六个孩子，都靠我姆妈三根手指头搭脉看病养活，我姆妈老了以后再也没有辛苦过，我们兄弟姊妹都孝敬姆妈。我每趟去看姆妈，姆妈枕头下面钞票塞好，跟姆妈讲，姆妈侬放心用，想怎么用就怎么用。孝字后面跟着一个顺字，老人你要顺她的心思，她高兴就是你高兴。出门姆妈要朝东走，侬跟姆妈讲，不对不对，朝西走，姆妈我是为侬好。格么朝西走，姆妈不开心，有什么用？人最怕郁，郁了之后么，就是结，结是什么？就是结块，再一恶化，变癌，乃末完结。

"我姆妈家里，是镇江的大盐商，外公殷履卿，还是大买办，所以殷家的儿子，都叫英文名字的，Peter、Bob 之类。我姆妈养下来六个月，外公故世了。家族里流言蜚语，讲我姆妈命硬，克死了外公，就把我姆妈送到乡下去养。

"我曾祖父丁甘仁，与我外公殷履卿是好友，听说了这件事，不答应，马上跑到乡下去，拿我姆妈抱回来，养在我们丁家长房里，我姆妈是在我们丁家的长房里长大的。我曾祖父丁甘仁，1917 年创办了上海中医专门学校，就是现在的上海中医药大学的前身。为了让我姆妈读书，太公在学校里开设了女子班，一共四五个学生。太公寻老师有两个条件，讲给你听你要好笑了：一个是要学问好；另外一个，要人难看，最好歪鼻头塌眼角，因为是教女学生，呵呵呵呵。我姆妈读书是住在学校里的，书读得好，太公多少欢喜我姆妈，每个礼拜五派马车去学校里接我姆妈回来，礼拜一再派马车送我姆妈去学校，侬看看我姆妈多少漂亮，太公哪能会不欢喜伊？我爸爸故世之后，我姆妈在家里挂牌，丁殷郁文诊所，我姆妈精妇科，调理多少病人，帮人家生养。姆妈的本领，怀孕四个月，搭搭脉，讲得准是女宝宝还是男宝宝，神乎其技。

"我爸爸丁济华，是丁家二房的，与长房里的丁济万，是太公丁甘仁的嫡传，丁家仅有的两个嫡传弟子。我爸爸60年代初，去新疆，两年时间，在新疆教中医、看诊，名满新疆。到什么程度？当地病家，为了我爸爸吃饭，专门建个暖棚，给我爸爸种上海蔬菜。我爸爸我姆妈，一生无数传奇病人，贤宦、良将、名士、高僧、美人，都是我们丁家座上客，下趟慢慢讲给你听。"

· 外滩是个滩

上海男人六十岁：寻欢的故事

所有的人生，都是一个垮掉的过程。

男人六十，一峰微雨，一峰残日，一步一步，渐渐垮得具体入微。

而人世的有趣，终在于红尘万丈，必有例外。不知六十之易老易荒，神抖抖，毛茸茸，依然出生入死，敏捷寻欢，这种生趣盎然的人杰，谢天谢地，上海滩，寻得出一个傅滔滔。

今年六十岁的傅滔滔，半生匆忙而斑斓。永嘉新村长大，永嘉路小学读书，市二中学出来，国际关系学院毕业，说一口乱真日语，成长为京沪两地数得上的日本通。他半生事业涉及领域，从考古、消防、展事，到邮轮、电商，现在还有时代新品种的傅滔滔直播室，但诸多如雷贯耳的身份角色，全部加起来，不及一个：上海滩首席日本餐馆"黑木"的创店老板。此君一生不曾涉足过餐饮业，临近六十岁，三年之内，忽然创建了一间叹为观止、夜夜满座、上海滩日本餐馆标本的黑珍珠一钻。

我问滔滔："那么，你现在，混不混上海的饮食圈子？"

六十岁男人，清醒地瞪着我，答："我现在这个地位，已经不适合混圈子了。"

之一

2017 年，上海于北外滩苏州河畔新建成一间顶级酒店：宝丽嘉酒店。酒店辉煌落成，雄心之一，酒店内三间餐厅，都要最好的，一间意大利，一间日本，一间中国。

意大利好弄，宝丽嘉品牌，于世界各地，有精诚合作的顶级品牌，Lago，不用多想，当然就是 Lago 了。中国菜，亦是名震上海、拿得起放不下的嘉府一号。两间有口皆碑的顶级馆子，取了宝丽嘉最佳美的位置，一双天生骄子，面子十足。

剩下日本馆子，难办了。当年的上海，四年前的上海，除了酒池肉林、一价吃到扶墙壁的放题日料，略具模样的日本馆子，几乎没有。最多最多，古北日本人聚居地带，有些可亲可口小馆子，而已。

傅滔滔的老板，拨开芸芸人群，找到日本通傅滔滔，讲："侬到日本，去寻只顶级馆子来。"

傅滔滔的通，通到什么程度呢？将近二十年前，某个黄昏，滔滔携我去一个日本驻沪总领事的华宴，冠盖云集没什么稀奇，稀奇的是，和服盛装的总领事太太，娇小玲珑的日本老妇人，丢下满堂贵客，一把拉住滔滔的温暖大手，长吁短叹，从近日小病在身，一路絮絮讲到胃口细弱饮食难调，哦哟哦哟，那份家常亲热，情深谊长，吓了我一跳。外交冷餐晚会，变成母子私房谈心。滔滔看我目瞪口呆，讲："darling 不要惊奇，五十岁以上的妇人，是我强项。"一边讲，一边若无其事，横扫一眼酒肉丰盛的自助晚宴，关照我："多吃点呀。"

傅滔滔跑去日本，上穷碧落下黄泉，寻了三个月，寻顶级日本馆子。

问滔滔："什么叫顶级？"

滔滔白我一眼："排队等吃，排三个月的馆子。"

"这样的馆子，日本有多少家？"

"八十几家。"

虚烟一抹的是，滔滔奔走三个月，恳切谈心各色日本顶级食肆，人家日本人的回复，非常统一：

"上海？不去。"

"我已经准备放弃了，这桩事情没办法弄，动脑筋打腹稿，如何编个理由，跟老板讲，寻不着。就在这个时候，东京中国饭店的老板，我的老朋友徐老板，给我介绍了黑木，东京的老馆子，做了八代，客人吃饭排队，排一年至少。评到过两次米其林星星，黑木断然拒绝了两次。我奔的去见黑木，跑进去一看，黑木纯，第八代黑木传人，坐在那里，四十来岁，一身奇装异服，油头粉面，穿金戴银，像什么呢，像演艺界人士，像K房里常常涌现的豁胖朋友。去中国开店？想也没想过。我不管，手里只有这一匹死马。我开始耐心科普他，上海，中国，宝丽嘉，口水讲掉几铅桶，谈到后来，总算肯了，不过黑木开出来的条件，足足有一捆。设计师要他指定的、厨师团队要他说了算、食器用具统统要用日本进口的、吃什么喝什么，由他做主。这些，全部答应他，只有一条，没答应他。黑木讲，客人什么时候吃，要由他说了算。在东京黑木本店，客人预订黑木，付了订金，起码等一年，然后饭店通知客人，你哪天去吃饭，是这样弄的。这个在上海怎么行得通？不被客人打死才怪。

"谈是谈下来了，事情来了，哪能晓得，黑木找来的设计师是隈研吾。隈研吾根本不设计餐馆的，偏偏答应黑木帮他设计上海黑木，侬晓得什么代价啊？一万块一个平方，设计费哦，一万块哦，这种价码，听也没有听到过。只好咬紧牙齿花血本，400平米的馆子，单单隈研吾的设计费，付了400万人民币。"

今天我们看到的黑木，一种清肃的雍容，于气焰逼人万紫千红的外滩，的确出类拔萃无与伦比。四壁以和纸，涂抹清漆，造就一番难以言表的阴翳苍古，一步走进去，清凉悠远，瞬间无尘。是真的厉害。

"再来看食器，全部从日本进口。我国法律规定，食器等同食品，税极重，在日本买了 200 万的名门食器，统统是黑木亲自指定的，等运到上海，加完税，已经是 400 万了。我去海关办手续，海关的人朝我冷笑热笑一齐来，见过傻的，没见过这么傻的。等店开出来，食器用出来，我晓得了，是不一样的。我们女将藤田京子跟我讲（女将，高级日式餐馆里，负责服务客人的妇人）：'我每天手里抱着食器擦拭，我知道它们今天开心不开心，疼不疼。'这一句，我听得毛骨悚然头皮发麻。后来去黑木吃东西，跟副总经理王晶小姐讲：给我看看你们的食器好不好？王晶小姐直接带我去了食器仓库，一枚一枚碟子拿给我看，王晶小姐纤纤十指，抚在碟子的纹路里，春深春浅，翾翾姗姗，令我有缭乱之恸。"

黑木，费 3000 万人民币投资，于 2018 年 3 月开张，如此浩瀚手笔，至今绝无仅有，以后恐怕轻易也不会有。傅滔滔出任创店总经理，带着日本人团队和中国人团队，筚路蓝缕，开始经营上海滩名贵第一名的日本料理。人人忐忑，这个 35 席座位、人均 4000 元的馆子，要亏多久？能活多长？这是一个玩具，还是一盘生意？

问傅滔滔："怎么想出来的，做 4000 元人均？"

餐饮外行傅滔滔慨然答我："开会时候，我随口问了一句，现在上海最贵的日料多少钱？助理告诉我 2000，我就拍板，格么我们黑木加倍，做 4000。就这样定下来的。"

傅滔滔叹："我事后才晓得，什么叫无知者无畏，我胆子比孙悟空还大，是因为我根本无知，没有任何框框。男人做事情，无知有无知的好。餐饮我根本不懂，从来没做过，一个跨界，想不到跨得这惊天动地，我自己也很震惊。"

顺便说一句，东京黑木本店，一共十八席座位，午餐做一轮，晚餐做五点档和八点档两轮，日日夜夜客满，排队漫长以一年计，人均呢，在五六万日元之间，跟上海黑木平肩。

之二

八月尾声，去上海黑木吃饭，苏州河畔的晚风里，门前一帘白帷，垂垂飘拂，肃穆清凉。

叶月的一套怀石，十一道菜，由上海黑木主厨由水正信主持。

头盘，先付，以碧绿荷叶呈盘，累砌手工芝麻豆腐、鲜鲍鱼、海胆、鱼子酱，以袖珍漆器小匙挖食，食感华贵雍容，层峦起伏，入口即化，细腻至极。配冰至发脆的香槟，与主厨由水正信、当晚侍餐的王晶，共举杯，开始一夜的悠扬怀石。跟由水师傅赞，芝麻豆腐细腻丰润，美不可言，上海从来吃不到，真真久违了。海胆是北海道的极品，鲜鲍鱼是澳洲的，而鱼子酱，我国规定，不得进口日本的鱼子酱。这个碟子里的鱼子酱，来自千岛湖的淡水鲟鱼，粒粒丰盈，鲜咸剔透，滋味秀丽悠远。我因为海水鱼子酱的腥味浓重，一向不太喜食，这晚堪称惊喜。整个碟子，如果没有手工精致的芝麻豆腐托底，海胆也好，鱼子酱也好，统统是不着边际的浮云乱草。

黑木主厨由水正信，黑木纯的亲授弟子，十四岁跟随黑木学艺，二十七岁成为东京黑木本店里黑木纯的左右手，三十二岁被黑木纯指派为上海黑木的主厨。傅滔滔给由水师傅的工作指标，一年出六套新菜。黑木开业四年半，培养了一批老食客，一年至少来吃四套新菜，这批食客，大多来自江浙沪，有300人左右，是懂经的知味客人。还有一批老客人，每年会来两次，一次结婚纪念日，一次生日。黑木以人均4000元的贵价，第一年亏损，第二年开始，奇迹般地盈利了。

傅滔滔讲："一开始，我们完全弄错了，沮丧得不得了。我和王晶，兵分几路，去寻客人，房地产商、投资客、金融菁英、IT巨头，总之盯着有钱人。客人来是来了，吃是吃得一点没味道。一套怀石十一道菜，几乎每一道菜，配一种酒。每次上菜，由服务生和侍酒师，向客人详细介绍菜肴构思、配酒特点、取材、食法等，细致周到，是吃怀石料理的至高享乐。可是中国客人根本不喜欢，嫌服务啰嗦，直接叫侍酒师，依酒摆在这里就好了，不要讲不要讲。最夸张的一次，一桌房地产老板，坐进来喝酒干杯，上到第六道菜，他们已经站起来走人，奔赴下一个场子去了。把日本主厨和女将，气得昏过去了。我也心灰得头也抬不起来。这样弄下去，开什么玩笑？

"某日我女儿从北京来，我请女儿和她的同学们来黑木吃饭，下了飞机赶到黑木，已经八点半了，四个女孩子，加起来刚满一百岁。结果出乎意料，四个女孩子，兴致高昂，每一道菜，盯着女将京子和主厨由水，问个半天，京子英语日语齐飞，尽一切努力，跟女孩子们解说。一顿饭，吃了足足四个小时，我在旁边看得目瞪口呆，女儿跟我讲，爸爸，这个是文化啊。我才恍然大悟。我们的客人，不是房地产商，是这些 90 后和 00 后的年轻人。从这个晚上开始，我总算有点开窍了。

"刚开始的时候，我自己也经常在黑木店堂里走来走去。有一晚，我跑进去，看见吧台上，坐了四个年轻女客人，二十多岁的样子，一看就知道，肯定不是富二代，富二代没什么看头，一目了然，外滩有的是。我在她们背后走来走去，搞不懂这四个年轻女客人，是何等人、何种组合，为什么来黑木吃饭。最后看到她们在手机上查看我们宝丽嘉酒店的订房，我忍不住了，跑上去，跟她们讲：'我帮你们订房间好吗？网上一间房 3000 块，我用宝丽嘉酒店高级主管的福利，帮你们订半价优惠房，我自己只有一间优惠指标，我再给你们找一个高管指标，保证弄两间房给你们好不好？'四位小姐目瞪口呆。不过我有一个交换条件的，啥条件？你们要告诉我，你们是谁？为啥来黑木吃饭饭？"

　　傅滔滔讲到这里，我笑得拍大腿，侬侬侬，哈哈哈。这种作风，在傅滔滔，实在是多年一贯，鲜明别致。他对人与人性的兴致勃勃，常常超乎寻常地浓郁。

　　"结果，我帮她们安排好两个房间，她们告诉我，她们四个人，在美国留学时候，是同学，回来以后，分头工作，分别在上海、武汉、厦门、苏州，每年她们四个人聚会一次，今年在上海，就在网上查到的，黑木是上海最名贵的日本餐馆，就订座来吃饭了。我问她们收入多少，差不多都是 2 万月薪的样子。"

　　那晚坐在吧台前吃东西，由水一边做饭，一边跟我闲聊。"我么，三十多岁，我们东京黑木本店，这种贵价老铺，通常来的食客，大多不会比我年轻，起码五十岁上下，来吃东西的日本客人，统统是正襟危坐，不苟言笑，默默品鉴，深思熟虑。上海黑木完全不一样，来的食客，竟然大多数比我还年轻，三十岁都不到，一边吃饭一边很多问题跟主厨讨论，吃完还勾着你拍照片，上海不是不可思议，是太不可思议了。"

　　滔滔讲："黑木一年四季，生意最旺的巅峰，不是圣诞不是春节，是暑假，为啥？留学的孩子们回来了，呼朋唤友同学聚会，来黑木吃饭。""我的天，人均 4000 啊，这些大学生怎么吃得起？"傅滔滔翻我一个大白眼，对我的小眉小眼嗤之以鼻：

"darling，今年疫情以来，已经演变为高中生是主力客源了。"

我在黑木吃饭那晚，隔肩两个座位，翻了一次台，前一组，是年轻情侣，后一组，是两个男孩子，二十来岁的学生模样。吃到最后，我小心翼翼地问他们："你们是朋友？"他们回答我，他们是高中同学，现在都在英国读大学，一个在伯明翰大学，一个在格拉斯哥大学，今年恐怕都回不去学校了。当晚的怀石吃毕全套，格拉斯哥大学生一边问由水师傅究竟什么叫好的寿司，一边追加了几贯寿司，金枪鱼大腩，和牛，鳗鱼，等等。由水谦逊地跟伊讲："我不是寿司师傅，我的寿司比较一般，造诣深沉的寿司师傅，捏的寿司，放在碟子里，不会塌陷，有很饱满的空气。我的寿司比较容易塌陷，空气不够持久，所以我都是把捏好的寿司，直接放在客人指尖，让客人在最恰当的时刻，最饱满的空气状态，入口。"

当晚这两位大学生，因为没有饮酒，结账 7600 多元，两人都穿着 T 恤和短裤，一个一面孔痘痘，一个抖脚抖了一整夜。

之三

叶月的怀石，第三道，碗物。海鳗、松茸与莼菜的清汤，以黑金漆碗奉上。

海鳗是夏末之物，松茸是秋初之味，以上一个季节尾梢的食材，搭配下一个季节新生的食材，两者共治一碗，于日本料理中，称邂逅之味。由水师傅告诉我，这是日本料理手法中久已有之的古法，细腻深情，令人动容。两个季节的搭配，有很多固定的配方。春夏之交，以春天的春笋，搭夏初的蛤蜊，既有季节的相衔绵延，又兼顾了动植物食材的平衡，搭出非常美味优雅的料理来。再比如，初秋的松茸，搭深秋的螃蟹，亦是一对千古绝配。

问由水："在上海黑木，有没有拿中国食材试试手段？"

由水师傅跟我讲："有试过的，不过并不一定成功。比如讲，拿甲鱼吊了清汤，加入鱼翅，做成碗物，我自己以为美得天上人间，结果上海的客人并不喜欢，跟我讲，这个不是日本料理，这个是中国菜。嗯嗯，格么格么，格么我以后回到东京以后，再试吧，说不定日本客人会喜欢。"

问傅滔滔："黑木开了四年半，你自己吃过几次？"

傅滔滔答："从头到底认认真真，只吃过一次，你知道，我不喜欢日本怀石的。"

傅滔滔纯种的宁波人，饭桌上通常摆三碗菜：红烧肉、干煎带鱼、酱鸭。有一次，不得不陪贵客吃黑木的全套怀石，吃了两三道，傅滔滔不吃了，跟店里讲："你们你们，去对面嘉府一号，让他们送一碗鸽蛋红烧肉过来，我吃红烧肉。还有，再加一杯珍珠奶茶。"过分得不是一点点。傅滔滔跟我讲："我知道的，这个是对由水师傅的极大侮辱，吼吼，不过没办法，我真的不喜欢怀石料理。"我转过头来问由水，生气不生气？由水好脾气地跟我讲："不生气，这个对我，是一种学习不是吗？"还有一次，我想陪位贵客吃黑木饭，邀傅滔滔一起，滔滔不干，说："你们两人吃吧，我搬把小凳子，坐了门口等你们，我不喜欢吃的。"

令人难以置信的是，对日本料理完全没兴趣的傅滔滔，竟然是黑木的缔造者。

傅滔滔跟我推心置腹："我这个人，没有什么乐趣爱好的。旅游，我没兴趣的。敦煌，我 1986 年就去得不要去了。西安，我 1984 年就去了，一年里头，去了 22 次，为了发掘法门寺。当时所有挖掘的机械，全部用的日本无偿援助的机械，但是国家又规定，日本人不许靠近挖掘现场，要离开五公里以上，现场是军管的。那个时候又没有手机没有微信的，就想出来一个办法，让我和另外一个社科院的年轻人，当人肉手机，在挖掘现场和日本专家的帐篷之间，来回奔跑，递送消息。一开始，坐的是当地老乡的伢子，一个车斗，牛拉着，人坐在车斗里，结果伢子翻了，人掉进沟里了。这个事情让沈从文知道了，沈先生那个时候是副部级，有个车，他把他的车，给我们两个人肉手机用，上海牌轿车哦。也是那一年，我第一次看见日本人的帐篷，是带空调带抽水马桶的。结棍吧。"

　　傅滔滔是真的不要旅游的男人，他去巴黎看女儿，女儿悉心给他找了个留学生，开着车，讲着中文，带他逛地标景点。人家开去巴黎圣母院，傅滔滔在车上，跟人家讲："好了好了，看见了看见了，不要停车，接着开，看好了看好了。"

　　傅滔滔是彻彻底底对物没有兴趣的那种男人，他满腔的兴趣统统在对人。钻研人，对付人，与人打各种花色交道，他有燃烧不尽的旺盛兴趣。这一点，我和傅滔滔相通相同，知己得不得了，我也是，对看人有无穷兴致，对物对数字对方向，永远搞不清楚。曾经有一度，听傅滔滔讲黑木的形形色色客人，讲得我心痒，傅滔滔干脆跟我讲："这样这样，我给你准备一套服务生制服，你每星期抽两个晚上，去黑木看人玩吧。"

　　"黑木纯，"傅滔滔讲，"我第一眼看他，真的没有看错，他确实喜欢去 K 房唱歌，不过我从来不和他去 K 房，有的是人陪他去，我从来只跟他谈工作。跟他打交道，我只有一条原则，一切反着来。他喜欢奇装异服，每次都穿得金光闪闪，我就永远穿西装，从来连 T 恤都不会在他面前穿。弄得他不晓得怎么跟我玩。他每趟来上海黑木，看见员工，喜欢东拍拍西拍拍，弄得不好还要抱抱人家，我看了两次，第三次我不给他玩了，我弄了个整套的欢迎仪式，有主持人的，不让他乱说乱动。黑木完全不知道怎么办了，然后一切就照着我的思路展开了。"

　　我听得笑软，滔滔是处女座男人，心思缜密，纹丝不乱。

拳击选手对阵，一拳一拳打，目标就是把对方的节奏打乱，对方一乱，便有了破绽，也就意味着自己有了机会。打网球、乒乓球，莫不如是。

"黑木至今，一直称呼我先生，日语里，称人先生，是极为尊贵的，只有十分有限的几种人，被称为先生，议员、医生、教授、律师，仅此而已。一个生意人，饭店老板，被人称先生，是十分罕见的。"

问傅滔滔："在日本，都是什么样的人，会去百年老铺学厨艺？"

"穷人。"

傅滔滔治人，宛如庖丁解牛，六十岁的资深屠夫，刀刀不空，稳准狠，其中的乐趣滋味，想必比怀石至味得多。傅滔滔的同龄人，老同学老同事们，无论从前多么显赫，如今大多已经归隐江湖，回家看看电视、看看微信、研究养生以及夕阳红旅游，而傅滔滔还在临老入花丛，脚不点地，奔赴新领域。用他女儿的话讲，"口才滔滔，生命力滔滔，整日都蓬勃"。

"我这个人，"傅滔滔讲，"没什么私心，财和色，一般来讲，对男人，总有一样能起作用，我好像两样都不会。财，我从小没感觉，不会那么急吼吼，我也不知道这是从哪里来的，我现在还没想明白，等我想明白了，我跟你讲，你也帮我想想看。至于色，我身边六十岁的半老男人，大多喜欢找二十多岁的年轻女孩子，好像很贪图她们的活力，我是一点没有兴趣。我喜欢的女性，一定是要灵魂有交流的，但是我又怕麻烦，什么长相厮守，我吃不消的，烦也烦煞了。一个男人，如果在财和色上面，有贪恋，格么一定会影响他的判断力，我没有这种困惑，所以，无私带来无畏吧。侬讲呢？

"我没有什么大志，以后老了，我希望有点钱，吃得起梧桐区八十元一杯的咖啡，每个月飞一趟京沪来回，有经济能力让自己坐公务舱，处女座男人的洁癖吧，也就是每个月五千块钱飞一趟。"傅滔滔与妻女的家在北京，与老母亲的家在上海。"格么就够了。我老后，就是在我童年生活的三公里的范围内走动，我很知足了。"

其实，每个人都如此，一生一世，离不开童年三公里，如此而已。

之四

叶月的怀石，第六道，八寸，整套怀石的高潮，凝练季节的长短句，最具诗情画意。由水师傅设计的，是朝颜的花架，日语朝颜是牵牛花的意思。日本小学生每到八月之末，回家作业之一，就是各自在家里种朝颜。女将京子一边将朝颜花架捧给我，一边跟我讲，她童年，都做过这个回家作业，满满甜美的回忆。日本如果有舒曼，谱写《童年即景》，想必会有一章八月朝颜。

八寸内，琳琳琅琅，错落有致，布满当令美物。白芦笋与土豆的冷汤，金枪鱼赤身肉的炸物，指甲盖大的一切玉子厚烧，凛凛一弯无花果肉，覆着一滴天使眼泪一般的酱汁。问由水师傅，无花果上，这滴眼泪，是什么配方？由水讲，八口味噌打底，味醂、清酒、糖、蛋黄，慢慢调出来的。西式饮食的思路，关于盛夏的新鲜无花果，大多是豪放粗犷地淋上蜂蜜，日式滋味贞静婉约，东方跟西方真是分道扬镳。

第七道，煮物，是冷肴，番茄与鸭肉的叠加，酱汁取自番茄的籽，真真殚精竭虑。

第九道，食事，两款煲饭，味噌汤，以及酱菜。当晚两款煲饭，分别是黄油玉米饭，章鱼饭，章鱼来自舟山。伴饭一碟子酱菜，半个手掌大小的袖珍碟子，四种酱菜。日式酱菜，称渍菜可能更准确。米糠渍黄瓜，糖醋渍嫩姜，昆布渍白萝卜，以及鲣鱼末渍昆布。这个碟子，一举击溃了我。米糠渍的黄瓜，嫩极灵极水润极；糖醋渍的嫩姜，拇指大的一切，非常妥帖，嫩姜不堪切薄片，口感荡然无存；昆布渍的白萝卜，鲜味充盈，味淡而不薄寡；鲣鱼末渍的昆布，像个收尾句号，沉着，老到，酣然。吃完放下筷子，我跟由水师傅赞不绝口，由水停下手里的工作，愣了一会儿，跟我讲："三年来，第一次，有人赞美我们的伴饭渍菜。单是一味米糠渍黄瓜，那个糠床，每天必须翻动，功夫无限，一言难尽。"

一套怀石，其中矜贵的山珍海味，容易得到食客的赞叹，而细枝末节，如这碟子伴饭的渍菜，就不太能够头角峥嵘，这种边边角角的功夫，肯做足，那是真的有品了。4000 元人均，值钱是值钱在这种地方，而并非海胆鲍鱼鱼子酱。我以为。

名贵日本料理，主厨之外，侍宴的女将，亦是不可或缺的灵魂人物。黑木的女将藤田京子，职业生涯长达三十五年，一袭夏日的淡静和服，举手投足，一一优雅芬芳，意味无穷。客人见到她，大多五体投地欲罢不能。饭毕，看伊在面前点一碗抹茶，宽落落的和服袖子，褪到手臂上，一双纤白的手，一段细骨姗姗的手腕，美得跟白骨精一模一样，皓腕两个字，浮上我的心头。曾经听沈宏非神魂颠倒地赞誉京子，遣词用句，完全不节制，上海滩绝无仅有，等等。那日深夜饭罢，跟沈宏非再度讨论了一会儿京子的美，请沈宏非再来两句，沈宏非说："她像个古人，仿佛坂东玉三郎，往舞台上一站，统统都有了，是一个意思。"

沈宏非说得极精致，京子女将的服务周到体贴，只是物理的一种东西，可学可模仿可复制可亲昵，而她身上那种古人一般的气韵，触目之间，将你带回盛唐的举重若轻，无人可及。这种非日常的风雅颂，于京子的一低头一侧身里起起落落，迷人迷到杀人不眨眼。

周作人讲的，日本，是异国，亦是往昔。

王晶小姐跟我讲："黑木开业至今，由水设计的菜，被上海滩日本餐馆复制了很多，而人家餐馆根本无法复制的，是我们黑木的服务。"

那晚在黑木吃完饭饭，与京子碎碎聊天，讲讲日本的茶，讲讲岁月是多么好的东西，我们是同龄之人，彼此差两岁年纪。微信上跟沈宏非玩笑，阿要请京子签张名片送送侬?

之五

这是一个关于寻欢的故事。

宝丽嘉酒店打造上海滩顶级餐馆的寻欢；

东京百年老铺的黑木，跑到上海开分店的寻欢；

由水师傅、京子女将，职业生涯转航的寻欢；

来自全国各地，形形色色食客的寻欢。

所有的、各怀私心杂念的寻欢们，搞不过傅滔滔一个人的寻欢。没有这个六十岁男人的兴致勃勃，上海滩不会有这一注的狂欢。

· 啊，人生

虾子洒金，白肉如酥

老友 T 治局于东吴私房菜，吃苏州菜。黄梅雨天，弄堂深处寻幽探秘，一路小跑手脚并用，爬上旧租界里的凛凛小楼梯。当晚饭伴两男一女，小房间里齐齐坐稳半天了，瞪眼看着我这个迟到十分钟的坏分子，仓惶失措挥汗如雨。坐下吞口酒，好酒好酒，美贺庄园的干红。老友 T 看看全员到齐，立起身，要下楼去请厨娘上菜。拉牢老友："侬立了楼梯口哇啦哇啦一声就好了，省了下楼。"T 依言立在楼梯口，斯斯文文朝楼下厨房喊："上菜啦。"哇啦哇啦得一点火气都没有，我在心里叹了一句上品上品，这是个一辈子不需要哇啦哇啦的老牌书生。

一歇歇，凉菜团团摆了一桌子，油爆虾，酱鸭子，云林鹅，糟门腔，虾子白肉，凉拌黄瓜。苏州的夏，一碟一碟，细润得让人心软。这家的油爆虾功夫极佳美，只只鲜甜活跳，灵光四溅，胜过德兴馆无计其数。酱鸭子是傅滔滔至爱，六亲不认埋头干掉半个碟子，抬起头来，讲："我昨日跟人打架了。"

他昨日坐飞机从北京飞上海，滔滔京沪线常客，来来去去，半件行李都没有，捏只手机就登机，像坐公交车一样，以滔滔的四海精神，自然跟在线空姐个个熟得勾肩搭背，空姐变成阿姐。"头等舱哦，我跟侬讲哦，现在的头等舱哦，一天世界。"滔滔痛心疾首，T附言了一大串，是是是是一天世界。两个头等舱常客，抱头虚拟痛哭了一下。

"昨日机舱门关上，机长通知大家，上海天气不好，起飞时间要等。格么就等，全飞机人都安安静静等，只有我背后一个男客人，一路不停嘴地骂三骂四，朝着空姐语出不逊。我听得实在火大，立起来，跟伊讲，你给我闭嘴。

"伊讲，你管我啊？

"我讲，我就管你。

"三言两语，伊开始推搡我，我抬手一记头，拿他摁在座位上，我还等着他反抗，结果么，他不响了。我突然意识到，现在的男人，都不会打架的了。"

"多少年纪的男人？"

"三十多岁的样子。"

滔滔反反复复讲了三遍："现在的男人，都不会打架的了。上礼拜我在济南，朋友的小囡，闷头在玩手机，我跟小囡讲白相，问伊几岁，回答我八岁半。我再问伊，会不会打架啊？小囡手机也不玩了，抬起头吃惊地跟我讲，打架，不可以的。我突然明白过来，现在的男人，从小到大，不会打架的了，连被人打的机会，也没有，更不要讲打人家了。"

跟滔滔讲："是啊，包子小时候，我给他挑小学，标准是男孩子会打架，女孩子会发嗲，这个就是好学校。包子读小学一路打架上树调皮捣蛋，被班主任嫌鄙至极。"

滔滔讲："我年轻时候到日本留学，日本人老师跟我讲，留学期间，侬要做两件事情：一件，跟日本人吵一次架；一件，跟日本女孩子谈次恋爱。我后来发觉，第二件不是很难，第一件太难了。跟日本人吵架，不是语言熟练不熟练的问题，还有一个逻辑、文化在里面，很难一句递一句地吵起来的。"

T 对中药材和经方烂熟于心，比老中医还老中医，一边跟伊吃酒吃茶，一边跟伊讨教阴虚阳虚吃什么可以不虚。这种话题傅滔滔和 Novel 小姐没有兴趣，他们二人齐心协力将一碟子油爆虾移到角落里，四则运算数了数，还剩五只虾，滔滔讲："侬三只我两只，大的侬吃，我吃小的。"听到这一句，我搁下了筷子，突然从心底里升腾起一缕细而浓的幸福。年过半百，还可以这样一片赤子之心地侬三只我两只、侬吃大的我吃小的，darling，这是何等的福气。

滔滔吃完最后一只虾，再挟了一大片极薄的虾子白肉，愉快卷入肚里，讲："我各种各样飞机都坐过，立票都坐过。那种飞机，座位上方的行李舱，像长途汽车的行李架一样，不封闭的，我买的立票，飞机起飞的时候，人站在机舱里，两排座位的中间，两只手，拉牢行李架，腰上有一根安全带绑着的，就这样起飞。"滔滔把自己摆成一个"丫"字，演示给我们看，人人笑得无法可想。滔滔不笑，再来一句："等飞机飞上去了，每个人发只小凳子，让侬坐。"

"那是哪里飞哪里？"

"北京飞延安。"

"我就这样子全国各地到处飞，足足飞了有二十年。所以，侬讲讲看，我现在哪里还会要旅游？我不喜欢的。"

一碟子虾子白肉，是当晚的点睛之笔。苏州人其实真真会吃肉，比吃鱼吃虾还会吃，一年四季，按时按节，治各色各样的好肉肉，讲究得发指。初夏的粉蒸肉，以新荷叶的清香，裹粉裹肉，慢火悠悠蒸透了，糯极香极温婉极。到了仲夏，虾子抱了籽，就轮到虾子白肉上桌了，白肉片得极薄，夹肥夹瘦，层层叠叠，如一座玉山，临上桌，撒一把虾子灿然如洒金，筷尖一卷，蘸一角虾子酱油，真真入口即化，一点点不腻，夏日里吃酒吃茶吃白粥，都是隽品。

不过虾子白肉再点睛，终究不可能抢了滔滔的戏，Novel 小姐喀嚓喀嚓拍了滔滔无数大特写，滔滔满意得不得了，指着其中一枚，讲："我生前告别会，铁定就用这张了。为了侬这张传神的好照片，我生前告别会，要小厅换大厅了。"

然后么，当晚的话题，转入养老、生死，以及坟墓。

T拿两根筷子，在桌上摆了摆，说："生在这头，死在另一头，我们在两根筷子之间，有时候离生近一点，有时候离死不太远。想明白了，其他事情都好办了。"T的举重若轻，我呆眼看着，小小震撼。生死这种头等大事，原来可以这样子淡淡看待，轻如鸿毛，重如泰山。

滔滔讲日本的养老院："侬没有去日本的养老院看过，看见了，要吓煞的。日本人经营养老院，观念跟中国人完全相反的。日本老人进养老院，目标是出养老院，而不是在养老院住完余生。院方拼命训练老人自己独立生活的能力，自己走路，自己吃饭，让中国人看起来，简直是残酷地虐待老人。中国养老院，老人是站着进来，躺着出去。日本养老院，老人是躺着进来，站着出去。完全相反的。

"日本养老院有两样东西必备的。一样是一套睡衣，高科技材料做成的，老人穿上了，无论如何不会生褥疮，但是价格奇贵无比，十万日元一套睡衣，六千元人民币。

"第二样更加厉害，是一只微波炉兮兮的机器。日本人研究出来，人是从什么时候开始老的呢？是从吃糊糊开始的。一日三顿，统统是褐色的糊糊，人吃这个东西，就没有生趣了。这个微波炉兮兮的东西，牛排放进去、苹果放进去，转一转，拿出来，还是牛排和苹果的外貌，但是里面的内质，已经变得非常疏松柔软。有了这个东西，老人就可以跟家人们一起，坐在餐桌边，有尊严地享受美食。这个机器，也是奇贵无比，300万日元一台，将近 20 万人民币。

"中国老人和日本老人完全不同的，中国老人给孙子孙女，买最贵最好的尿片，给自己买最便宜的尿片。日本老人反过来的，给自己买最贵最好的尿片，孙子孙女么，小孩子，普通尿片用用蛮好了。"

· 有一种喜悦，叫作灰发蓬松的中年

玉少爷的局

春狼藉，看花忙。

烟花日子，海上名士蒋鸣玉先生领我们无锡看花去。薄寒天气里，玉少爷一身猎装，从帽子到手绢子，深深浅浅，悠扬于苏格兰细格子里。六十岁半老男人的娇俏凛凛，真真难以与君说。一车飞抵无锡，来不及踏春，直接奔到午饭的饭桌子上。伴饭头本话题，腰细了，不是讲无锡小笼、油面筋嵌肉、无锡肉骨头，是讲上海油条。

我是每遇清晨出门游玩，早餐必食大饼油条，于肠胃最友好，且耐饥，旅途上比较安全可靠。话头一牵起，玉少爷问："格么，问侬只问题好吗？上海的大饼，甜大饼圆的，还是咸大饼圆的？"这种绝色的人生问题，也只有玉少爷问得出来。想也不想闭着眼睛回答玉少爷，"甜大饼圆的，早上刚刚吃过，一枚甜大饼，一根油条"。旁边的章卫兄摇头，"不是不是，这是现在，从前是咸的大饼，是圆的"。据说为了这个方圆问题，玉少爷们，已经争论过一回，章卫兄的讲法，是少数派，只得郑辛遥先生赞同。

我想了一歇，跟章卫兄讲："darling，我错了，好像咸大饼是圆的。从前食大饼油条，有一种奢侈版本的食法，一枚咸大饼，两根油条，油条是打了对折，夹在大饼内的，非圆大饼不办。"章卫兄听完嘿然。

讲到奢侈，跌进玉少爷的强项里了。玉少爷接过话头讲："我小时候，食油条，是有 weekday 版和 weekend 版的（平日版和周末版）。礼拜一到礼拜六，吃普通油条，四分钱一根，周末礼拜天，吃老油条，五分钱一根。听起来，很像今天的 Sunday brunch，老油条酱油蘸蘸、醋蘸蘸，后来还有辣酱油蘸蘸，味道好透。"

玉少爷童年，住在石门二路 41 号，西王小区，一片至今巍然的西班牙式的小楼，那片房子，有一部分是中国银行高级职员的住宿，玉少爷的父亲任职于中国银行，玉少爷生于斯长于斯。

"我爸爸妈妈都是再婚的，生我的时候，爸爸六十岁，妈妈四十七岁，老来得子，爱惜得不得了。这个是我们整条弄堂都知道的。我生下来就体弱，从前老法讲，体弱的小人，要取个女性化一点的名字，比较好养活。那个时候，青海路岳阳医院对面，从前的古玩商店那一片，那片房子叫鸣玉坊，开发商是我们蒋家的远房亲眷，爸爸妈妈讲，就给我取名蒋鸣玉蛮好。"

西王小区玉少爷家走出来几步，就是当年红透南京西路的点心店，红甜心。一枚酥饼，一碗龙凤面，都是于饕客心底深深扎根的美物，当年红甜心的名声，似乎远在斜对面的王家沙之上。红甜心的老板，恰是玉少爷母亲的前夫王秋雁先生，20世纪30年代就开始经营了，1949年以后变身国有。玉少爷讲："红甜心开始是做点心，后来也做简单的菜，红烧划水之类的粗菜。小时候家里来了客人，爸爸妈妈常常打发我拿只锅子，到红甜心去买黄豆骨头汤。他家的黄豆骨头汤，分两种的，一种清汤，只有黄豆没有骨头的，卖一角五分；一种混汤，有黄豆有骨头的，卖两角。我买好一锅子汤往家里走，汤味道多少香，我还是小孩子，熬不住，停下脚步，吃两口再走。从红甜心到家里，一共没几步路，吃吃走走，走走吃吃。到了家里，我爸爸看看汤锅子，横看竖看，有点不是味道，哪能小孩子去买，跟他自己去买，有点不一样，汤好像少一点？几次如此，我爸爸拿了一支铅笔来，在锅子边缘，画了一条线，跟我讲，买汤，跟店里的服务员讲，应该到这个刻度。我爸爸还以为是店员欺瞒小顾客，爸爸没有想到，是我偷吃。自从我爸爸在锅子上画了线，下趟家里差我去买汤，我就不肯去了。我爸爸宁波人，一天要吃两顿酒的，爸爸吃的酒，也是差我去零拷的。我也是，拷好了酒，一路往家走，一路吃两口，吃到家里，爸爸觉得总归哪里不舒齐，酒少了。后来也是爸爸在酒瓶外面画一条线，叫我按着刻度线跟店员讲。从此以后么，我拷酒也不肯去了。

"我家是宁波人，舅公在上海，七重天的前面，开一间乐源昌铜锡店，我爸爸十六岁时候，乡下的爷爷奶奶，送我爸爸到上海，进舅公的铜锡店学生意。爸爸初到上海，上海话听不懂，挨打挨骂是家常便饭。店铺打烊了，师傅叫侬去买点叉烧吃晚饭，爸爸听不懂，去买了插销，回来当然是惹师傅不开心了。年底，回乡下过年，爷爷奶奶问起，舅公待侬好不好，爸爸就一百个委屈。这样一来，舅公讲：'侬也不要在我铺子里学生意了，我想办法保送侬去中国银行吧。'我爸爸进了银行，一边工作一边读夜校，慢慢升职，一直做到高级职员了。

"回过来再讲拷老酒，当年拷老酒是不用排队的，只有一种酒，是要排队的，夏天的冰啤酒。下午两点钟开始，大家就拎着竹壳热水瓶，去排队了，排到四点钟左右，送啤酒的车子来了，开始卖酒了。热天，只有中百公司和电影院有冷气，家里是没有空调的，一条弄堂里，有三口井，家家户户把西瓜、绿豆汤、啤酒冰在井里，东西挂在绳子上，沉在井底，每根绳子上，都做个记号，方便各家分辨。

"我爸爸的好朋友，郭绍虞先生，住在大华公寓，离我家一步之遥，两个老朋友过从甚密，爸爸跟我讲，郭先生曾经写过一幅字，送给我爸爸的，那幅字有乒乓桌那么大，写的是毛主席诗词，那时候写字，千篇一律，都是写毛主席诗词。可惜，这幅东西，后来无论如何找不到了。这个也是非常年代的特产，如今还有谁，会写这样尺幅的东西？我妈妈也跟我讲，从前家里的齐白石，不敢烧的，暗黜黜，做松紧鞋的时候，做在鞋衬里。

"西王小区，我家住52号，62号住的郑重伟，老革命干部，他家的儿子，跟我是同班同学。我小时候，读书读得好，郑老很喜欢我，曾经亲口跟我讲，他家是广东的大地主，他年轻时候决心参加革命，是家里的佣人抬着轿子，几天几夜，把他抬去根据地参加革命的。还有几位邻居，现在想想，都是别具一格的人物，比如：国家领导人专机的机长；西安事变中，时任张学良警卫队队长、亲手捉蒋的孙铭久，等等。我妈妈讲给我听过，弄堂里，一家人家抄家，抄出来的人民币，簌簌新的，一刀一刀，票子挺括到可以用来刮胡子的。那户人家，家里有电影放映机的，抄家人员在他家里，看了一部30分钟的纪录片，拍的是家里儿子的出生过程。darling，结棍吗？"

一顿午饭，玉少爷讲得我心惊肉跳。饭后湖边花下走走，真真是万叠青山，浓花着雨，一副心肠，不知往哪里搁是安稳的。玉少爷倒是怡然，走乏了，点一杯小姑娘吃的、粉嘟嘟的草莓冰沙，吃一碟子咸菜豆瓣过过，说"小笼馒头侬吃侬吃，我一碟子咸菜蛮好"。一边吃，我们两个一边讲起鲦鲓，清明之前的马鲛鱼，玉少爷宁波人，讲得眉飞色舞，撩动我的馋心滚滚。玉少爷讲："下趟象山送鲦鲓来，我给侬，侬要有点上等雪菜，清蒸蒸，不过 darling 啊，这个东西发得不得了，侬不好贪的，不能多吃的，春天的好物，大多是发的，侬要记牢。"

天缓缓黑下来，跟玉少爷商量晚饭哪里吃，玉少爷讲了一个又一个，其中讲到老牛窝里，他讲："那家店好吃的，我以前吃过的，一个外乡人都没有的，统统是无锡本地人在吃，人均七十块就可以吃了。"我跟玉少爷讲："那还考虑什么？就去老牛窝里啦，环境差一点我没有问题的。"玉少爷别过头去喜也不肯："不是环境差一点的问题，是他家的碗啊杯啊，缺口缺边地端上来，这个我实在受不了，阿拉宁波人，侬要理解我的。"少爷讲到这一句，我偃旗息鼓，不闹了。少爷就是少爷，这点脾气也好骨气也好，应该是要有的。

以后跟玉少爷出门，记得替少爷随身携带一枚金边碗盏，一副象牙筷子。

从哈尔滨的午茶，到寿喜锅的晚饭

之一

春和景明的午后，往陈伟德先生的画室吃茶。自市中心坐车前往位于城郊接合部的画室。伟德先生并不与我们同行，他每日从岳阳路上的家，骑车去画室工作，单程 22 公里，风雨无阻。本埠比较罕见的中年男人自律自爱之一种。等我集够这类案例，来写一篇上海男女的自爱动作集，想必好看又励志。

伟德先生 1978 年考入上海美术专科学校，900 人取 20 人的炼狱，生死存亡之搏杀。科班学的油画，师从孟光先生，以功底扎实出名。1985 年跑去法国留学，靠摆地摊替游客们画肖像赚学费生活费。据说，当年他摆在蓬皮杜中心门口的画摊，出名地经常大排长龙。当年普通法国人月薪不过三四千块钱，伟德先生画肖像每月可得数万元，一个暑假打这么份工，可供两年的学画开销。伟德先生讲："那个时候年轻，每天画到中宵，背着画架回家，步行两个多钟头。得过警察很多罚单，因为全巴黎，只有蒙马特一地的地摊画家有摆摊执照，我们哪里轮得到？不过么，我一张罚单都没有交过，存着有一厚沓。法国人规矩，换一任总统，就清零了。"

于画室内，慢慢细看伟德先生青年和中年时期的画作，年轻时候的几幅塞纳河畔的粉画，温润，节制，细节累累，充满文明的光辉。一个从文化焦土中，赤手空拳一步跑到天堂的青年人，那种难以言表的东西，让我看得相当感动。而中年前后，伟德先生回到上海，画的一些市井红尘，猛烈，宣泄，情绪放纵，有重归故里的安恬暗爽，更有中年时刻的自信挥霍。岁月，真是好东西。

伟德先生后来因缘际会，转行做玻璃，就是教堂玫瑰窗那种玻璃，1993 年于上海开设了玻璃工作室，1994 年做了汉口路沐恩堂的玻璃，做完之后，徐家汇天主教堂和佘山教堂，都跑来找他，想要他的工作室做教堂玻璃。伟德先生说："我当时根本不够人手，玻璃全部要从美国进口，奇贵无比，做不下来，只能婉言谢绝。结果，两座教堂都派人跟我讲，人手不够？我们可以派多些修女去帮侬忙的。玻璃工作室辛苦经营六七年之后，才迎来曙光，为了这个玻璃，我有十年没有画图。"

记得那日午后，与伟德先生坐在大阳台上，听他讲对玻璃的一见钟情。"那是 1985 年，去巴黎留学，当年航路极其麻烦，飞到新加坡之后，从新加坡经迪拜，转赴巴黎。就在迪拜转机的时候，我拖着行李在候机大厅穿行，蓦然看见一幅巨大的玻璃，一时惊呆了，世界上怎么会有这么美这么好看的东西。童年万花筒的记忆、教堂玫瑰窗的幻彩，偶然亦必然地叠加在一起，刹那间，开了天眼。"伟德先生一面孔的不胜感慨："不知这幅东西，现在还在不在迪拜机场？"无巧不巧的，刚讲完这句，背后画室里，汤沐海夫人 Judy 于夕阳余晖里，弹起肖邦，十指抚摸之下，汩汩而出的琴音，让我感叹，一个又一个艺术的纤细灵魂，不绝如缕，如精灵跳动。

伟德先生的画室，有他多年的收藏品，从古董玻璃，到各色西洋珍玩，一个下午的时光，根本不够用的。众人于楼上吃茶吃哈尔滨点心，我一个人，在底楼徘徊了久久。

暮色融融里，与伟德先生道别，下趟再来白相。伟德的猫于脚下奔进奔出，一张很有思想的脸，一点也不玻璃。我们坐车返家，而伟德先生还是一骑绝尘，骑车回岳阳路。

之二

暮春之夜，与章卫、耿侃、吕胜诸兄宴饮，于耿侃的俱舍藏，食寿喜锅。与三位兄欢谈竟夕，从上海大饼、德州牛肉、日本和牛，一路蹦蹦跳跳，谈到基因、佛陀，长吁短叹，大腿拍遍。饮至中宵，烟粮不继，章卫冲进夜幕里奔走，跑了两万五千里，欢天喜地买回烟卷以资谈兴。而整夜的欢谈，第一个话头，还是古典的那个，甜大饼是圆的，还是咸大饼是圆的？人人埋头，深度拷问童年记忆。吕胜兄是基因专家，讲起生命科学雄辩滔滔，这一夜，我于和牛寿喜的氤氲里，举了无数回手，让吕胜兄科普我世界基因工程的先端知识，细胞的叛变，基因的自私，于真科学与伪科学的丛林里，钻进钻出游击腾挪。是夜，吕胜兄口若悬河，基因细胞光辉灿烂，仿佛基因教之大弥撒，章卫兄大呼过念头过念头，吃饭就要吃这样的饭，一副视风花雪月为粪土的激昂。耿侃兄是不得了的佛学专家，听他讲佛，有奇特的思想光芒，让我佩服不已。耿侃兄的气质非常别致，于聪明绝顶里，有一种厚朴的清晖，亦古亦今，很难描述。通常我国的聪明男人，一清就容易薄和透，顶多走骨重神寒那个路子，而谈不到厚。

寻常日子，免不了日日见人，不断地见人，心目中，期待见到的人，以聪明人、有趣人、明白人叠加递进，即使于上海这样的华城，聪明人亦十分罕见，连常识都不具备的笨蛋，充斥各色饭局。聪明并有趣的人，更是寥寥。聪明有趣之余，还能想得、活得很明白的人，就更加少之又少了。谢谢天，这一晚，三位老兄，枚枚精彩，无一不嗲，的是良宵。

临别，章卫咬牙切齿："下礼拜继续，我做东，讲好了哈，不见不散。"

不胜遗憾的是，整整一个长夜，四粒清聪脑筋，而甜大饼咸大饼的方圆问题，依然存疑未决，叹叹。

· 独步古今

快闪春宵，娘惹菜的光辉

之一

暮春夜，Brian 与 Danyi，城中两位名厨，客座于外滩的 Heritage by Madison 餐厅，贡献一晚马来西亚的娘惹菜。端详一眼精彩的菜单，立刻跟 Brian 订了座。上海不容易吃到稳准狠的娘惹菜，有如此的良宵，自然不容错过。再一个原因，是 Brian 告诉我的，做这样一局快闪厨房，是在向 Heritage 此前的主厨 Austin 致敬。Austin 于去年十月突然病故，餐厅顿失灵魂人物，Brian 与城中的名厨们，纷纷到这间餐厅轮流坐庄，帮助餐厅恢复元气，重整旗鼓。

暮色里，与燕子挽手踏进餐厅，跟 Brian 松松一抱，餐厅经理 Sebastian 喷射着满面笑容迎上来，这个法澳混血男，阳光得炫目，一开口说话，露出满口健硕如马齿的白牙，比开胃酒还提神。

娘惹，是指早年的福建人，下南洋，移民至马来西亚，与当地的马来原住民通婚之后，诞下的女儿。娘惹菜，是指混合了福建菜和马来菜的一种 fusion 饮食，滋味浓郁而且繁富，重用香料，手艺精巧，别具一格。某年曾与包子在马六甲小住，遍尝当地的娘惹菜，赞叹不已。当晚与燕子坐在吧台，开放式厨房，一边饮食，一边与 Brian 和 Danyi 欢谈。

头盘的娘惹鱼生，脱胎自福建的捞生，酸甜梅子酱轻捞鲷鱼鱼生片，曼妙之作。

娘惹派提 Nyonya Pietee，精巧的一只脆杯，置鲜虾及种种时蔬细丝于杯内，口感纤巧淡丽，层次丰富，至为优雅。鲜虾太大，我举刀切虾。Brian 急了，赶紧跟我讲，不切不切，一口进去，像吃寿司那样。

沙爹烤鸡，正、足、饱满。

仁当牛肉，吃的是一口馥郁浓醇的香，重手用香料，慢炖而得，水平很高的五味调和之作，大满足。

椰浆饭，是马来西亚饮食里，最快餐最普罗的一碟饭，Danyi 今晚治的，是精致版的椰浆饭，泡菜与油炸小凤尾鱼的勾肩搭背，简直是清贫里的一种幽默欢乐。

Brian 治的快闪厨房局，除了美食美酒，通常还是一局别具一格的社交。当晚，Brian 介绍我认识了榆林窟文物保护研究所的杜建君所长，我们于娘惹饮食里，畅谈了一下西域敦煌。有趣的是，杜先生跟我讲："我这次来，把我们榆林窟食堂的大师傅也带来了，让他跟着 Brian 实习几天，回去我们要改造榆林窟的饮食，满足游客。"

Brian 以子弹喷射般的语速，跟我讲："世界上，能够让陌生人聚拢在一起的，有五样事情：宗教、政治、体育、音乐、美食。做了这么多年厨师，一直在五星酒店服务，为政要、为明星，做过太多的饭菜，我现在想为普通人做饭，做有意思的饭。比如，近期的计划，是去贵州侗族的寨子大利，为那里一群手工做蓝染的侗族妇人，善用当地食材，煮一餐饭。她们用板蓝根染布，我用板蓝根做菜。再一个计划，是要去云南迪庆藏传佛教的寿国寺，为寺里仅剩的十几位僧人，做一餐饭。"

darling，这样有思想、有血和有肉的厨师，我认识的厨师里，Brian 是唯一。他不研究燕鲍翅，不做秃黄油，不煎鹅肝，他想一些其他的事情。Brian 跟我讲："传统的中国厨师，受教育有限，地位不高，很少人读书，更少人读外文的书。但是现在开始，这个局面会改变，有一些优秀的 90 后的年轻厨师，他们受了很好的教育，有手艺，也有思想，眼界开阔，相信他们会带来很多新的东西。"

之二

十五六年前，陪包子读书，于小学校门口买屋安居，在浦东张江，当年上海，远得非人的一个角落。僻地起居有一宗辛苦，附近方圆数公里内，没有合适的面包房，吃口面包，要漫漫长征到浦西去买。一两年后，偶然的某日，于张江车站内，觅得一间小餐馆，治简单的西餐，竟有自己的烘焙设备，面包极好，甜点极好，完全五星酒店水平，简直是荒原上的玫瑰。久渴的乡下人不免大喜，从此殷勤奔赴，不仅日常的面包蛋糕有了着落，连我的 Comfort Food 汉堡，也有了稳定的食处。这家小馆子，气质亦别致，小小的店堂里，有免费的二手书和杂志，日文、英文、德文杂陈，有各种健康新概念小册子散落，买面包蛋糕之余，常常顺带着浏览他家的这些灵魂食物。于张江满街的卤肉饭和东北水饺里，这间小馆子，真是奇异极了。

某日亦是去买面包，踏进门去，望见墙上挂着几幅画，其中一幅，大有 Baltus 的况味，买妥面包蛋糕，于店堂里默默盘桓良久，然后抱着面包纸袋子，去问柜台内的年轻店员："请问，这些画，卖不卖？"

店员明媚清爽地跟我讲："卖的，我给你画家的电话，你直接找画家本人，我们不赚中间的钱的。"

我呆一呆，第二个问题是："我可以见见你们老板吗？"

店员立刻从身后的操作间内请出老板本尊，一枚精瘦的前中年男，长一副童颜，眼神闪亮闪亮，一如童子，讲口有点奇怪的普通话，语速奇快无比，整个的人，像一枝蓬勃燃烧的小火炬，光明十足，阳气十足，动感十足。交谈几个来回，得知他是马来西亚人，历练于马来西亚、新加坡、英国、澳大利亚等地的五星酒店，2001 年进入上海，这间小馆子，就是后来十分出名的谷屋 House of Flour，这里挂的画，是他无偿帮助画家朋友。

我就是这样认识了 Brian，锦泰，然后成了多少年的好朋友。那位让我怦然心动的画家，是田学森。后来拿着 Brian 给我的电话，找到田学森，去他画室饱览了他的作品，畅谈了 Baltus，然后请田学森与我合作，我那年出版的集子《好好爱》，插图全部用的是他的油画作品。记得当时田学森赶着去西藏自驾旅行，临离开上海的前夕，把所有作品压在盘上交给我。我跟田学森讲："只是很抱歉，用你那么多插图，全部的稿酬也没有几块钱，让我怎么好意思？"田学森答我："一分钱都不必给我，我们一起喝杯咖啡就好了。"田学森后来于华山面壁十年，刻苦得惊人，画风亦大变，得大成就。

春和景明　花事窈窕

鲜灵好物　春蔬满盘

· 春日的复兴西路

· 在写生的湖南路 20 弄

· 有爬山虎的延庆路 145 号

· 有落地窗的阳台

四个老男人的北京往事

傅滔滔以独角兽之姿，拨开疫情雾霾，直抵复旦巍峨讲堂，登台演讲时令话题：双循环下的中日经贸变局。从法门寺、敦煌、八佰伴，一路讲到精致内卷冉冉宏图，全程雄辩滔滔，颠倒众生，一切不在话下。演讲结束，尚有重大余兴。滔滔眉飞色舞跟我讲："寻到四十二年前的老朋友了，啊啊啊，我要拉群，我要治局，我要做东。"

一个礼拜以后，暴雨如注的黄昏，湿漉漉踏进嘉府一号，沙发上庄严端坐着四枚上海老男人，尘满面，鬓如霜，长吁短叹，久别重逢。

徐静波先生，复旦大学日本研究中心教授，削削瘦的身姿，一袭细麻西装，男版窈窕，清癯雅痞，十分动人心弦。两弯眉毛黑浓蓬勃，如诗如画，完美得简直不像自己长出来的，像店里订制买来的。人间有两个徐静波，这个是复旦波。

桑平凡先生，气息沉静，淡淡寡言，亦是瘦人一枚，仅比静波先生略宽一码。滔滔跟我介绍："从前上海人交房钱的对不对？全上海人的房钱，都是交给他爸爸的，他爸爸是上海房地局局长，家里住在武康路洋房里的。"桑先生垂首默默，一语不发，与滔滔浓得化不开的风格迥异，人家是一股清流，涓涓的。

魏建国先生，粉团团，蔼蔼然，一派少爷迟暮的风致。开口寒暄两句，果然，人家从小住在常熟路 100 弄里的，高中还没毕业，《新概念英语》已经滚瓜烂熟到了第三册。

滔滔海上名流，人尽皆知，就不费笔墨了。

四十三年前的 1979 年，以上四位，还是十九岁至二十三岁不等的葱茏青年，分头从上海各条弄堂里，考大学，辗转到了北京。当年从上海坐火车去北京读书，直达快车，单程 26 个小时，足够谈一场从容的恋爱、私定半辈子的终身。静波先生讲："我从小喜欢的是英文，跟着电台学英文，考大学时候，志愿是复旦英文系，考分很高，然而不晓得什么原因，就是没有录取复旦，以为就此落榜了，倒也不是，来一纸通知，把我调剂到北京语言学院学日语。我不太想去的，但是心里又很担忧，有传言说，现在不服从国家调剂，以后就不准再参加高考了。想来想去，没有办法，就服从调剂，去了北京语言学院。当时，上海人谁肯去北京读书啊？不过，国家调剂也有调剂得很好的例子，我一位同学，考复旦没有录取，被调剂去了北大法律系。"

桑先生讲："是啊，我记得静波是晚来学校的，我们都开学上课了，他才来报到，我某日下课回到宿舍里，看见屋里坐了个陌生同学，就是静波。我们当时一间宿舍三个学生，我们两个上海人，同室了四年，成了一辈子的好朋友。"

嘉府一号的明虾大大只端上来，美味当前，静波却视若无睹，继续讲往事。"有一天，我一个人去颐和园逛，园子里人山人海，我一个人，荡儿荡儿，百无聊赖，忽然听见昆明湖边，飘过来讲上海话的声音，我立刻耸起耳朵，寻着乡音找过去，一找么，找到了傅滔滔，大家都是从上海跑到北京来读书的，我二十三岁，平凡二十二岁，滔滔、建国十九岁。昆明湖旁一认识，以后就玩在一起整整四年。"我立刻举手问："玩什么？"静波呆一呆，滔滔答："划船啊，散步啊，跳舞啊，练外语啊。"静波讲："散步最多。"有意思的是，傅滔滔和徐静波，分别在自己的日记里，记下了昆明湖边的这一巧遇，那天是 1979 年的 9 月 16 日，更令人慨叹的是，这两本日记，被两个上海男人，兢兢业业，分头保存到了今天。低头想想，乡音这种东西，如今已淡漠得不着痕迹，中国人的血肉牵连，似乎又少了一个温情脉脉的项目，悲哉，殇哉，于滔滔热气腾腾的果仁干贝黄鱼羹里，我是一个埋头，很多个想不通。

滔滔讲："我读的是国际关系学院，听听名字，宏大得不得了，真实的校园，破旧不堪。静波和平凡读的北京语言学院，他们学校三分之二是外国来的留学生，当年就有网球场、有游泳池，女生个个漂亮，个个不一样。"我插嘴："青葱年纪，又是大学生，女生哪有不漂亮的？"滔滔白我一眼："清华的女生就一点都不漂亮，真的。四年大学，我去清华玩，就像去延安饭店；去北京语言学院玩，就像去希尔顿吃咖啡。我们国关的伙食，老三样，熬白菜、肉末炒土豆片、辣椒炒豆皮儿。他们学校呢，宫保鸡丁、四喜丸子、红烧排骨。而且哦，他们学校食堂，是有夜宵供应的。"

魏建国读的是国际政治学院，这所大学，后来叫中国人民警察大学，再后来叫中国人民公安大学。"还好，我进去和出来的时候，都叫国际政治学院。我们学校的伙食，蹩脚得吓煞人的。一年四季基本上吃素，五一、十一这种重大节日，食堂供应一次荤菜，红烧腔骨，烧带鱼之类，带鱼不是油里煎的，是白水加点酱油煮的，属于怪味带鱼。每年的十月一日，有一样东西好吃，那天食堂用天津的小站米，煮一顿饭，这种米，介于大米和糯米之间，好吃得根本不需要菜，一年就吃这么一次，平时吃的米，都是没有黏性的捞饭，上海人哪能吃得惯？全年的早饭，都是玉米面糊糊，北方叫棒子面糊糊，发酵发得僵格格的黄馒头，不过每个礼拜二早饭是不一样的，吃油饼，再喜欢睏懒觉的同学，礼拜二是肯定不睏的，一早爬起来，奔到食堂吃油饼。"

　　桑平凡先生在旁边幽幽讲："刚刚到北京的时候，上海学生从来没看见过玉米面糊糊，看见大桶里黄灿灿，跟食堂师傅讲，那个奶油浓汤，来一碗。"桑先生淡淡出之，我听得拍大腿，武康路少爷，格记结棍，滔滔在对面红房子红房子嘎嘎笑。

　　静波先生接过去讲："讲给你听要不相信，我和平凡两个人，四年大学里，居然每个礼拜六，一起去五道口吃小馆子，雷打不动的，人家学生吃饭时候往食堂去，我们两个人背转身，从边门出了学校，熘肝尖、炒腰花、葱爆羊肉，冬天还涮涮羊肉，喝果子酒，比如山楂酒，没有喝过白酒，那个时候的北京，也没有黄酒的。有一次平凡不晓得有什么事情，礼拜六没有在学校里，那天我就没有吃成饭，一个人吃饭没劲的，没办法吃的。"滔滔着急："格么正好请个女同学一起下馆子啊。"静波先生清正，跟滔滔讲："我已经有未婚妻了，我去北京读书，她在上海等我，请女同学吃饭，我想也没想过。"

　　建国讲："我的学校国际政治学院，前身是中央政法干校，属于公安部的，全国高考是夏天，我和滔滔，是在春天就被国关和国政提前录取了，当时国家急需培养国际文化交流人才，从上海选了一批出色的高中毕业生去北京读书。到北京的时候，大学第一年，校园是在木樨地，第二年，学校自己造了房子，搬去大兴，远得一天世界，没有地铁没有出租车，进趟城，是翻山越岭的大事情。大学一年级的时候，在木樨地的校园，学校跟公安部的宿舍是相通的，校园里有个礼堂，专门放内部电影，是为公安部的干部家属放的，我们学生知道了，常常站在桥头，暗暗跟家属买电影票，多数时候是一角五分，碰到电影特别好，市场价格上浮到两角。爱情片没有的，都是打仗的电影，《山本五十六》《啊，海军》《虎，虎，虎》之类。我们班读英文的，全国来的学生，从 ABC 学起，上海同学基础好，《新概念英语》都是好几册读在肚子里了，夜自修都不去的，溜出来看内部电影，有时候也会被老师捉到。"

我国大学生有个独树一帜的传统，人人会用各种票子，换取食物和衣物，80 年代中期，我读复旦的时候，这个做法还十分家常，冬夜里饿且馋，拿点粮票去学校后门外，跟五角场老婆婆换茶叶蛋小馄饨，换到手的茶叶蛋们，以迅雷不及掩耳的迅猛食法，一口气连进五六枚。当时上海学生很是羡慕外地同学，他们手里的全国粮票，在茶叶蛋小馄饨摊子跟前，是很坚挺的硬通货，而上海学生手里，是没有这种黑市软黄金的。滔滔他们在北京读大学的年代，票子就更繁花了，米票、面票、杂粮票。杂粮票是什么东西呢？比如食堂里吃豆皮儿，黄豆做的，要交杂粮票的，南方同学都想方设法跟北方同学换米票。滔滔讲："我读书的时候，全班二十个学生，只有四个东北同学，他们是从读俄语转来读日语的，全班同学都争着跟这四个东北同学换米票，东北同学吃面，南方同学吃米。"静波讲："阿拉学校有日本来的留学生的，留学生都没有粮票米票限制的，随便吃的，我们就找日本留学生帮忙，为了多吃点米饭。省下来的米票面票么，换件军大衣穿穿。"

平凡先生讲："大学第四年，毕业前夕，拎了一袋子衣服，穿旧了的夹克衫之类，立在商店门外卖，很好卖的。当时北京人大多穿蓝色军便服，上海带过去的夹克衫，很吃香。卖到差不多卖完的时候，来了个警察，把我带到派出所里去了，讲，侬这样卖东西是不对的，不可以的。大概看看我是学生，坏也坏不到哪里去，教育了一下，就放我走了。我一出派出所，门口立了个人，看见我出来，指指我手里拎的袋子，我刚才看见你袋子里还有两件衣服，卖给我吧。"

滔滔在国际关系学院学日语，以一种匪夷所思的方法学习，以前写过，这里就不重复了。我问静波先生："你们怎么学日语？正常吗？"静波先生答我："老师有中国老师，有日本人老师，中国老师都是从学俄语转过来的，日本老师是一对夫妻，男的是早稻田毕业的，太太是画家，日本老师教发音，中国老师教语法。我们那个时候，单词里有共产党、共青团这种的，课本都是油印打字的。"平凡先生讲："我毕业后，去日本，一位朋友来接我的，到日本的第一个晚上，住在新宿歌舞伎町。朋友煮了一大锅鸡翅膀，第二天带我上街，教会我买地铁票，再教会我自动售货机里买饮料，好了，然后就没人管你，统

统靠自己了。记得我去寻房子，日语讲得很好，日本人问我来
日本几年了，我讲一个礼拜，日本人吓坏了。为什么一锅子鸡
翅膀？在日本，鸡翅膀大概是最便宜的几种食材之一，除了鸡
蛋，大概就是鸡翅膀了。"讲到此处，正好嘉府一号的看家菜，
滔滔的最爱第一名，鸽蛋红烧肉，颤巍巍地端上来，滔滔讲：
"吃吃吃，一定要吃，为了这块红烧肉，我养猪养了长远。"

四个上海男青年，跑到北京读书，三个读日语，一个读英
语，四年毕业之后，三个回了上海，只有滔滔一个人，留在了
北京工作。隔日又与滔滔电话畅谈，滔滔讲："我直到现在，工
作上也好，私人生活里也好，大量的人脉，还是来自当年大学
毕业之后，留在北京工作时期，最初的那些圈子，我一点不后
悔没有回上海工作。"我听了默默点头，跟滔滔讲："其实，读
什么大学，并没有那么重要，重要的，倒是毕业之后，走入社
会，最初的那五年。"

深夜里，棋散局，酒停觞，四位老友，拍完照片，握手道
别。爬进车里，跟滔滔讲："侬今晚讲得不多啊，念头没过足
吧。"滔滔矜持答我："我是治局的，当然要少讲两句，让大家
多讲讲。"

苏州小姐菜

刘国斌兄五十度灰年纪，四骨方正的国字脸，硬扎得不得了，不过此君天生两弯浓森森的笑眉，面容刹那永恒地温存起来，加上性子里的光明周到，热忱备至，让多少男人女人，一见之下，心软如麻。国斌兄的独门绝技，是熟透苏州饮食地图，他跟我讲："侬文章里写，上海样样有得吃，样样不好吃。格么，阿拉去苏州吃，苏州样样好吃。"前一夜，国斌兄默了菜单给我，手写的，看完于枕上惆怅深深，回复国斌兄，darling，饿不可挡的苦。

礼拜天中午，与国斌兄、震坤兄一车直抵苏州，王记姚家味，主人家姚雪峰、总厨范青松，二位领着，直入盘门包房，宽坐下来，彼此啊啊啊。

冷碟子不提。一盅猪油渣青豆泥端上来，嫣然粉润，入口融融，有猪油渣加盟演出，青豆泥不寡薄，一派醇酒妇人之醇。饮了小半盅，感叹一句，倒是很像法国汤，不同之处，是法国汤上，点的是一撮松露酱。震坤兄一边拍照，一边赞赏那个色："绿得刚刚好，再翠，就生了，一生么，就涩了。猪油渣的深褐，略略压一压青豆的碧翠，完美无了瑕。"范厨一高兴，手舞足蹈奔去厨房，取了一碟子猪油渣，磨成泥的猪油渣，予我们自取自添。听范厨讲，此汤，灵感来自奉化的油渣芋芳羹，将宁波菜翻译成苏州菜，芋芳羹丈夫一点，青豆泥小姐一点，各有韵致。而灵魂的猪油渣，范厨讲，是自家厨房按古法认真熬起来的。从前家里熬猪油，都是加一点点水，慢慢熬，现在的厨师，为了快，加色拉油下去熬。味道大推大板。

风鱼件子汤，天王巨星一般地捧上来。揭盖，香彻云霄。苏州的件子汤，三件子五件子，原是冬令之物，初夏当令是老鸭汤，于是今天的件子汤，不用母鸡，而用老鸭、蹄髈、火腿，外加点睛之物，风鱼。饮一碗清汤，食一切风鱼，风鱼果然极佳美，滋味繁复，口感紧密，完全升华了鱼的滋味。范厨告知，风鱼是苏州大师陈昆明师傅的杰作，制作过程中无限光阴无限手工，不足与君说。制成之后，入馔之前，尚要清水浸足五个小时，然后以清油炸过，待件子汤炖到七八分，入风鱼同炖。整个过程，一个处理不妥，风鱼便有杂味异味，十分败兴。国斌兄请范厨将汤里的蹄髈捞出切件，伴一碟虾子酱油，蘸蘸来食，酥融软糯，鲜美极了。

饮汤食鱼，听国斌兄讲闲话。上礼拜来苏州参加黄天源二百年纪念活动，我苦口婆心跟伊拉讲："二百年了，多少不容易，要与时俱进。你们想去上海开店，好事体，格么要思考思考，能不能拿黄天源糕团，卖进上海成千上万的咖啡馆，让上海人一杯咖啡一块黄天源，你们有没有这个本事，想想啊。"

桌上一窝油面筋，塞的不是肉，是虾球，清鲜、细润、玲珑剔透，尽现苏州菜的清华漠漠，亦是一味俊美的小姐菜。上海馆子里的菜，大多过于粗犷，跟我们越过越荒疏的日子，倒是真的与时俱进。我年纪大了，喜欢一点清的、细的、润的、婉约的、聪明的、灵巧的饮食。范厨讲，这个虾球油面筋，是从顺德菜、泰国菜的虾饼改造来的。虾饼取油煎，倒是远不如塞入油面筋里的曼妙，契合苏州菜的逻辑。

国斌兄讲："苏州的吃，样样好，就一样不好，没有夜市面，夜里稍微晚一点，想吃东西，那是想也不要想。有一年，裴艳玲先生来苏州演出，据说老太太登台之前不怎么吃东西，只吃一个鸡蛋。那么，我们几个朋友就想，等裴先生散了戏，请她吃宵夜。我要负责找一家馆子，夜里九点半，肯烧一桌好菜出来。寻来寻去，寻到三元，三元答应我了。结果当天晚上，裴先生散了戏，还有采访，越弄越晚，我担心煞了，穷看时间，怕三元的厨房师傅要打瞌睡了。等坐了席，裴先生筋疲力尽，根本吃不下东西去。那天晚上三元精心准备了七件子汤，端上来，请裴先生饮了一碗，老太太立时精神大振，喜欢得不得了，续了一碗汤，然后是吃了两三枚汤里的鸽子蛋，放下碗筷，讲，够了。那次晚宴，宾主尽欢，三元也喜出望外，大圆满。

"苏州无处吃宵夜，不过也有例外。很多年前，我夜里七点三刻，去大名鼎鼎的跷脚面馆吃面，一路走过去，黑漆漆的，招牌也没有，灯光也没有，进门点他们的招牌面面，鳝丝肚丝面，一边吃一边跟他们讲：'你们门口怎么黑漆漆的，做做广告弄点灯光啊。'人家翻我白眼：'黑么，是因为阿拉还没有开门了啊。'我呆一呆，夜里七点三刻，还没有开门。'格么你们几点开门？'人家跟我讲：'阿拉夜里十点开门，卖面卖到凌晨四点钟。'跷脚面馆的那条小路，侬晓得叫啥？叫木浪路。"

讲完那碗面，范厨亲自捧着今天的面闪进屋来，放下巨大的面碗，啧啧啧啧，不得了，当令三虾面，此时此刻，是金玉满堂的豪华版本呈现。范厨落手拌面，殷切端给各位，面紧，三虾饱弹丰足，自不必说，最妙不过，是一撮姜松，拌于面内，蓦然将口感提升了若干层次，神来之笔。美中不足，是拌面的酱汁过于浓重，掩盖了三虾的如玉如珊瑚如宝珠的好颜色，以及，如果随面而上，有一小碟子清醋，供食客自己斟酌添加，就更周到了。

饭后甜物，冰镇酒酿与东山枇杷，苏州人的看家食物，不会错的。东山枇杷，是人世间最细腻的一种枇杷，新鲜甫上市，自然美不胜收。

　　明明已经食到饭后甜物，范厨又返身奔去厨房，捧了一个碗盏来，翡翠大百合，结顶一撮红桂花，卖相精神，灵巧夺人，是以牛油果泥，裹兰州大百合。一勺入口，清脆爽亮，后味似有若无一点点椒麻收束，大堪玩味。缺点是百合稍显薄弱，不够肥。

　　一桌苏州菜，猪油渣青豆泥，虾球油面筋，翡翠大百合，清蒸白丝鱼，添了一点咸菜卤提神的盐水籽虾，亦紫亦糯的米苋，以及风鱼件子汤，冰镇酒酿，东山枇杷，真真一席佳美的小姐菜，我喜欢。

上海男人的甜蹄髈

元旦日，震坤兄换了个微信头像，寥寥几笔，形神俱出。默默看了几眼，跟震坤兄赞，头像好，谁画的？震坤兄讲，沈勇画的。顺手发了几幅沈勇的油画给我，竟是一幅比一幅好，落笔非常松，稳准狠，才气纵横。很奇怪，我太井蛙，竟然从不知道上海有这样一位才子。震坤兄讲："不奇怪，沈勇因故将近十年没有作画，侬圈外人，不知道很正常。倒是圈内人，上海台面上的同行们，暗暗服帖他的，不在少数。"微信上三个来回，我跟震坤兄举手："darling，我想见见。"震坤兄一口答应："我来安排。"

于是，春风沉醉的夜晚，见到了沈勇，于汉口路 1933 玫瑰餐厅，当年姚莉唱红《玫瑰玫瑰我爱你》的地方。春寒料峭里，我同沈勇握着手，互诉了一番热气腾腾的倾慕，堂堂一席，分头坐下。杨建勇兄本已坐定，尤特地立起身，坚请沈勇坐到我一起，你们讲话方便，多谈谈。这两个人是 1960 年的同龄人，名字里都有一个勇字。

沈勇讲给我听，他 1978 年考入浙美，上了两年大学，到 1980 年，忽然浙美进口了一批西方的画册，让这群学子震惊不已。共和国油画，走的是苏联的一条独径，几乎没有机会见识苏联以外的画风。1980 年那批画册进来校园，沈勇们忽然开了天眼，原来油画还可以这样画啊。从此，图书馆里夜夜人满为患，人人抱着画册，勾画钻研。那个时候的浙美，真是风气一新。

沈勇的画，有一种醒目的洋气，很糯很松的洋气，这种气质，想来是出自骨子里，不太会是来自刻苦锤炼。跟沈勇求证，沈勇答："我母亲是 1946 年十六岁读的上海美专，当时校长是刘海粟，四年毕业，二十岁读的中央美院华东分院，读了一年，分院全部归并到北京央美，院长是徐悲鸿，1954 年中央美院毕业的。"原来如此。出乎意料的是，当夜的话题，从这里开始急转直下，一路竟从油画转去了甜蹄髈。

"我母亲张伟荫，在央美读的是工艺系，毕业之后，分配到造币厂，在票证组工作。母亲没有设计过人民币，倒是设计了很多票证，棉布票、肉票、肥皂票、糖票、火柴票，当年票证太多了，好些是我妈妈设计的。做了几年，我妈妈不太开心，因为造币厂管得太严格了，年轻人吃不消。领导很人性，把我妈妈调离了造币厂，新的工作，是去了益民食品一厂，在四平路，设计糖果纸、设计罐头，'上海咖啡'那个很经典的圆罐子，是我妈妈设计的。"隔肩的雪莲小姐殷殷地问："格么，侬有很多糖果纸了？"沈勇答："有很多，到了学校里，拿出来送给同学，我自己稍微长大一点，就不玩这个了，糖纸头是小姑娘白相的。我男生，背了书包，到处打架，斗蟋蟀，玩刮片。棒冰吃完，收集棒冰的棍子，集够了，自己拿棍子做叫蝈蝈的笼子。抽屉拉开来，顶顶多，是一抽屉的玻璃弹子和橄榄核。斗蟋蟀，看人家大人有蟋蟀盆，我还是小学生，没有，就自己做，拿烂泥捏好，放到煤球炉子上去烧出来。那个时候真幸福。"

跟着叹："那个时候，小孩子还找得到烂泥。"

沈勇说："烂泥多，多得不得了。我家住的房子，附近很多花园洋房，都有很大的花园，那时候，家家户户的花园，都在挖防空洞，备战备荒，烂泥堆在那里，要多少有多少。现在上海的小孩子，起码半辈子看不到烂泥的。

"妈妈在益民食品一厂工作，厂里会进口一些外国食品来研究，外国人的糖果点心怎么做的，研究好了，这些样品都是吃掉的。所以我小时候吃得蛮好，去上学，口袋里装着巧克力、白巧克力，那个年代我就吃过白巧克力，巧克力还有白色的，拿出来分给同学吃，哈哈。"

"从前上海有种人家，冬天给家里孩子炖甜蹄髈吃，你家炖吗？"

　　我一问，杨建勇和沈勇异口同声答："炖啊，每年冬天炖。"

　　杨建勇家里是三兄弟，每个儿子，到了十八岁，母亲都会炖甜蹄髈给儿子吃。冬天，红枣冰糖，炖一大锅，孩子放学回家，挖一碗，滚热了吃。杨建勇讲："我么，一只甜蹄髈，两天、顶多三天就吃光了。"

　　沈勇家的甜蹄髈是父亲炖的，用料更臻考究，桂圆、红枣、冰糖、蛤士蟆，炖一大锅。蛤士蟆，这个词，如今很少听得到了，就是雪蛤。我童年，母亲每天下午的点心也是一盅冰糖蛤士蟆，小孩子是不给吃的，有时候母亲高兴，偶尔会递一调羹到我小嘴里。因为小时候没有吃够，所以我至今，一直认为蛤士蟆是美物里的美物，点心里的翘楚，任何时候看见，即刻馋心滚滚。母亲吃的蛤士蟆，很多是我剥的，寒假里的功课之一，是剥这个东西。想不到，今夜星辰，于这个饭局上，同两位上海画家，共同温习旧时的甜食。

　　杨建勇讲："我家是溧阳人，祖父母有蛮大一份家当，可惜，祖父吃鸦片，吃光了一份人家。到我父亲，十四岁到上海来学生意，做皮鞋。我从小到大的鞋子，都是父亲亲手做的。父亲七十岁的时候，跟我讲：'我老了，我做的鞋子，侬还能穿十年。'结果么，现在父亲九十高龄了，至今仍然每年拿一双新皮鞋给我，都是父亲七十岁之前，就给我做好留着的，每年拿一双新鞋给我。所以，我家里什么东西都可以断舍离，父亲晚年亲手做给我的这二十双鞋子，绝对不丢掉的。"

这一夜的饭局，亦与旧雨新知们，讲起了《色戒》和《一江春水向东流》，蔡楚生、郑君里的倜傥风流，李安的乡气，上官云珠、舒绣文们的秀嗲，汤唯、陈冲们的生硬牵强，真真不一而足。吃得很饱的时候，可以开一个《色戒》评点会，闲话讲讲满屏的破绽们。

千言万语，不如一句：玫瑰玫瑰我爱你，万古流芳都有可能。

鲟龙鱼筵

本埠老牌粤菜馆子名豪，以鲟龙鱼设题张筵，张敏小姐和范范小姐讲，六月底，是鲟龙鱼最后的旬季了，一年一度，仅此而已。

当日午筵，一大早，劳烦二位小姐陪伴，于虹梅路名豪楼上的私书房，浏览藏书，特别是饮食文化的藏书。名豪以粤菜为本，主人家颇搜集了一些旧版粤菜食书，另有一票老派食家的薄薄集子，比如陈存仁、王亭之们，端的好笔致。这些前辈的东西，年轻时候我曾经是翻得烂熟的，久久不见，想不到黄梅天里，邂逅于此，呆望着书架，不禁惆怅泛滥。老派食家的风流尊贵，如今的食客根本不是对手，不说也罢。

最惹眼，还是书架上两套煌煌巨著，两套都是日本人出版的、关于中国饮食的大部头，说来真是难以置信。

一套"中国食经丛书"，上下两册，副题是：中国古今食物料理资料集成，严肃汇编了中国历代关于食物的各种杂书，对于原书的递藏，有清楚的标注，主编者是东京的田中静一和京都的篠田统，一东一西，两位日本教授。

另一套，就是近年江湖上赫赫有名的《中国名菜集锦》，九册，由日本主妇之友出版社 1979 年出版，全书当年于中国拍摄，以日本工艺和日式态度，全力以赴制作的出版物，自然精不胜精，这还罢了，顶顶关键，是这套书的审美，是正确的。古雅而不滞重，精贵兼有温朴，进退有据，风流蕴藉。换言之，终于看到一套不土也不豪的中国菜大全。全书每一页，菜式美不胜收之余，一杯一箸，无不择以美物美器，在在叹为观止。这番 70 年代的美，由中日两国的匠人们联手呈现，今日望之，真真是一言难尽。

翻了两个钟头书，欲罢不能，楼下鲟龙鱼筵等着开席，张敏小姐安慰我，下次再来看。

鲟龙鱼，来自千岛湖养殖，将鱼养得巨大，是为了取鱼子做酱，而大鱼本身，并不常见于餐桌。名豪厨师治一席十二度鱼筵，有古法偷梁，亦有西餐换柱，全筵仍以名豪擅长的粤式手法统帅，有彩有韵，大具意思。

比如，鲟龙鼻汤，很见汤功，落天麻与鲟龙软鼻骨，清澈芬芳，食感亦别致佳美。

鸽吞明骨，令人联想到鸽吞燕，却远比鸽吞燕来得有意思。明骨是鲟龙鱼的软骨，口感很似燕窝，以高汤炖鸽蛋羹，上覆一勺亚麻籽油，滚热清鲜，伴一口冰澈香槟，果然无比提神。

香茅油浸鲟龙件，上桌时，香茅滋味很是稳准狠，与六月的黄梅天，大肆契合。取油浸，高明过油煎，鲟龙鱼这样的大鱼，浸比煎来得嫩口，食之，似食深海鱼，而无深海鱼的腥膻，兼比深海鱼细腻，鲟龙到底是淡水大鱼。

鲍汁鲟龙肚，名豪治来得心应手，口感酷似干鲍。

最后的甜物乳燕龙筋，亦治得得法，碗底一层木瓜泥，是神来之笔，软腻细香，配得起燕窝的娇弱，龙筋是鲟龙鱼的又一种软骨，口感处理得跟燕窝相得益彰，全盘以椰乳调停，清而不薄，弱不胜衣，大可供一叹。

筵阑，与张敏小姐约，下次再去看书，我念念不忘的，还是吃字比吃饭要紧。

一朝一夕，从黑木到紫金阁

之一

人间四月天，午后三点半，与傅滔滔吃闲茶，于南京黑木，苏宁钟山高尔夫酒店内。

一步踏进黑木，女将京子风姿绰约迎出来，大半年没有见面，京子依然美得像一枚活生生的白骨精，纤尘不染，细骨姗姗。每次见面，第一眼，总是不由自主地呆一呆，因为京子完全不像是这个时空里的人，乍见之下，非常恍惚。她的一个低眉一种侧身，轻而易举，瞬间将你带回盛唐。呆完之后，回过神来，与京子软软抱了一个，落手异常轻浅，怕碰坏了这么纤巧精致的女子。

坐定下来，轩窗敞开，展眼过去，一帖水墨远山，若即若离，亦动亦静，满目冷云流软，数点空翠珊然，清凛如坐沧浪，让人一时忘言。离开红尘上海，不过一个半小时高铁的车程，黑木于南京，别有一种出尘脱俗的杳然风致。

滔滔有癖，奇异的酒店癖，动不动寻间顶级酒店，一个人跑进去住一个周末，看看复杂的书，吃吃简单的饭，足不出门，大隐于市，仿佛微型小幅地出家两天，人家在寺庙里禅修，他在华丽酒店里修。

滔滔讲："我人生，有个梦想的，我已经安排好了。"

滔滔三十多岁的时候，频繁远赴东京工作，跑遍了东京的高级酒店，崇拜上了一个人。"日本自有品牌的三间顶级酒店，新大谷酒店、大仓酒店和帝国酒店，酒店大堂一进门，有一位日本老男人严阵以待，藏青西装，深灰西裤，一切一丝不苟，年纪相当大，会好几门语言，独自穿梭在大堂里，热情洋溢地替来往客人解决大大小小的问题。这个职务，称案内人，这个老男人，几乎是整间酒店的窈窕广告牌。除了这三间酒店，日本的几家老牌百货公司，高岛屋之类，也有。"滔滔讲："我年轻的时候，每趟看见这个老男人，眼热得不得了，发誓我老了以后，退休之后，我也要做。好几年前，我就跟上海花园饭店的总经理谈好了，我要他答应我，我以后老了，让我到花园饭店大堂里，做案内人，服装我自带。"

"格么，人家答应侬了吗？"

"答应了答应了，我跟他讲好的，侬要让我做到八十岁的，工钱我不要，我有退休工资的。"

　　以后的时髦媒体，编写"到上海 must do 的 101 件事情"，其中不可或缺的一件，是去花园酒店围观案内人傅滔滔。

之二

　　下午茶的第二个话题，是讲一歇陶欣伯老先生，滔滔从前在世贸商城时候的老板。陶先生今年一百零六岁了，著名的爱国华侨，小时候出生在南京，曾经是新街口的擦鞋童，后来移居新加坡，成为富甲一方的大亨。1979 年陶先生回来故乡南京，投资建了著名的金陵饭店，后来又投资建设了上海的世贸商城，等等，是上海滩地标级别的杰作。2004 年，陶先生找到滔滔和他的团队，来经营管理世贸商城。面试时候，日本资源雄厚的滔滔跟陶先生讲："陶先生，侬要让我做日本生意的。"陶先生回答滔滔："只要侬不把房子拆掉，侬做什么都可以。"面试圆满，陶先生跟滔滔讲："年轻人，好好干哈。"说这句话的时候，陶先生八十八岁，滔滔四十四岁，滔滔想，我还年轻啊？陶先生讲："滔滔，侬晓得我几岁开始赚钱的？我七十岁开始赚钱的。"

　　世贸商城在傅滔滔时代，有过一件里程碑式的大事。滔滔于 2011 年，把日本在上海的签证中心，搬到世贸商城里去了，面积之大，令所有人吃了一惊。

　　2013 年 12 月 25 日，陶欣伯先生九十九岁生日，陶先生把旗下企业的中高层主管统统请到金陵饭店吃生日饭，饭后，陶先生送给每位高管一对饭碗，送给每位中层一万元。此后，陶先生开始百岁人瑞的安逸生活，全面退休，将工作交递给下一代了。

　　问滔滔："陶先生是怎么样一个人？"

　　滔滔答："很静很静的一个人，不动的，路也不太走，看看书。吃东西么，什么不健康就欢喜吃什么，顶顶要紧是吃肉，红烧肉、蹄髈、猪肝、浓油赤酱，陶先生统统欢喜，一百零六岁，健康得不得了。"

　　吃茶讲古，天晚下来，酒店总经理刘雯小姐盛情来请，去酒店的中餐馆子紫金阁吃晚饭。滔滔一把拦住人家："明朝明朝，明朝中饭她一定跟你吃，今天晚饭么，侬让伊在黑木吃吃饭，跟女将讲讲小姐妹闲话。"

之三

　　黄昏之前，夏孜东店长陪伴我，将黑木全体，缓缓看了一遍。

　　南京黑木与上海黑木，同中有异，上海黑木像是东京的奢华味道浓一点，而南京黑木，似乎更有京都那种古都风味，舒缓，悠扬，空灵，山水其间。南京黑木最大的奢侈，是空间极为宽敞，主厨白鸟令的料理台，庄严肃穆，高度黑金，于这种料理台前主理食事，厨师真的是太享受了。南京黑木有一个宽落落的院子，一本红枫，一本黑松，于静水两侧，殷殷呼应，暮色苍茫下，真有无限江山最可惜的滋味。院子里置两间独立小房，盈盈立于水之一方，十分悱恻，宽坐其中，慢慢用一套怀石，真真清心不已，良宵如此，夫复何求？上海如今最难求、最奢侈的，一是宽敞，二是静谧，此时此刻，倒是一应俱全了。

一间优雅的餐馆，饮食之外，布花草，布灯火，布食器酒器，都在女将的手中出入，女将的品位，左右了餐馆的格调。当晚，独自晃完院落，踏进黑木用餐的一刻，主厨白鸟与女将京子，双双肃穆一鞠躬，这一个瞬间，darling，我是真的热泪盈眶。这个哪里是去吃饭饭，简直是赴汤蹈火级别的庄严隆重。一直私下跟滔滔讲，上海四千多家日本餐馆，他们都像一间日本餐馆，而黑木，是一间日本餐馆。像与是，云泥有别，这个区别，很大部分是在一枚女将身上。

京子讲给我听，她二十多岁入行，跟过三位女将，三位女将各自的风姿、趣味、手法，都完全不一样，她很幸运，学到三种风格。我问京子："女将最重要的，是不是美意识？"日语美意识，相当于中文的审美趣味。京子说："女将的全部，就是一个美意识。布置花草，调节灯火，走路的方式，端给客人酒与菜的手势，一切的一切，都关乎美。"难怪，于黑木吃过东西的客人，都会对黑木极致的美印象深刻。而上海和南京的花季，与日本几乎完全相同，这对京子来讲，是一种熟络，四季花语相近，不至于唐突中国客人。眼前绣球当令，京子于当晚的玄关里、餐台上、食器中，错落布置了清雅的绣球，真的是镂琼琢玉，不涴点尘，安坐其中，实在是幽赏无限，大满足。

当晚的八寸，京子捧给我的时候，真是美不胜收。浓紫的菖蒲，粉团团的绣球，因为当日是儿童节，京子又以和纸，折了一枚烂漫的纸风船、两枚男孩子气息的头盔，从前的男孩子，爱折个头盔戴在小脑袋上，手里舞一片竹叶，如挥剑一般。从前的光辉，不折旧的浪漫，让我爱惜得心软。

南京黑木的主厨白鸟令，跟上海黑木的主厨由水一样，俊美得出离。跟滔滔赞叹，滔滔讲："我挑厨师，都挑俊美小哥哥的。"白鸟以前是上海外滩十八号内，一间日式铁板烧的主厨，人称上海铁板烧之王，当晚，一边饮食，一边缓缓与白鸟师傅颇讨论了一些铁板烧的细节。上乘的铁板烧厨师，与食客面对面，落手料理食物，刀光火石，雷霆霹雳，调动彼此眼耳鼻舌身的五官享受，是殊为有趣的经验，不亚于艺人的舞台表演。不过铁板烧再炫，于境界言，当然远不能跟怀石相提并论，铁板烧毕竟是粗食。

之四

苏宁钟山高尔夫酒店非常低调，不参加酒店评级，如果评的话，五粒星星大约是不在话下的。以前是索菲特，2019 年刚刚重新设计焕新。再以前，以前到 20 世纪 30 年代，此地是国民政府的郊球场，是宋美龄重要的国际国内社交场所。我不打高球，似乎跟此地没有什么关系，即便这里拥有全国 Top 5 的优质球场，跟我这种不打球的人，也完全没有关系。不过住过一晚之后，观感大变，就算是不打球的人，此地亦是一间非常不错的度假酒店，小住数晚，休养生息，十分相宜。酒店最特别的是非常奢侈的空间，上海人到此，大多要长吁短叹。我看酒店品格，常常看两件东西：一是灯火，二是椅子。这家酒店都超级有品，令人赞叹。

最好的是，除了黑木，这里还有一间中式餐馆紫金阁，主厨陈荣平，做一手有变化的淮扬菜。比如，茶徽烩软兜，淮安菜，一盏浓鱼汤，卧一小把秀气的徽子，上覆数弯软兜，软兜浓郁厚朴，入口即化，徽子泡了鱼汤，别有风味。一盏汤，层次丰荣，非常有意思。吃得到一些上海没有的佳肴，不亦快哉。

陈厨爱读书，戒掉了打牌和抽烟，晚上的时间都花在读书上头，尤痛恨每天时间不够用。陈厨还写得一手毛笔字，客人特订的菜单，都是陈厨亲自毛笔书写。酒店总经理刘雯小姐笑说："我们谈不下来的客人，只要陈厨出马一谈菜单，客人马上服帖了。"

陈厨腼腆笑，讲："你下次来，我做拿手菜灌汤蟹粉黄鱼给你吃。"

十五年陈皮的黄梅天转身

　　汪新芽小姐、张力奋先生盛情，设宴原三马路申报馆旧址的 The Press，品鉴新菜单，主题是顺德之夏，拿意大利跟顺德，两股子离家 500 里的乡愁，油面筋塞肉一样，塞在一起，整顿出另一种芬芳，简直是黄梅天里的奇葩。

　　当晚主菜的澳洲和牛菲力配十五年陈皮波特汁和广东芥兰，极得众人之心。陈皮与牛肉，顺德菜里，是千年亲昵的黄金搭配，搬到意大利碟子里，调入波特酒，同高汤一起，耐心熬炼，得一款色香味俱佳美的酱汁，最可爱，是这款酱汁的足够甜，托得陈皮之香，不薄不寡，有醇酒妇人那种嫣然风致，与和牛菲力的软糯，一唱一和，如狐步舞之进退迎拒，押韵合辙，真真好滋味。

　　顺便提一句，The Press 的肉肉，是我见过的上海西餐馆子里给得最大块的，好像不用考虑成本似的。今晚的和牛菲力如是，上一次与滔滔、力奋晚餐，点的羊排亦是。那天晚上的羊排端上来，那厚切的磅礴气势，吓我一跳，无论如何勉力，还是很遗憾地，剩了一半在碟子里。天下九成九的馆子，宣传照片上的肉肉，比食客盘子里实际的那块肉肉，总要大上一个码，唯独 The Press 是反过来的。

意式腊味煲仔米型面，治得很有意思，一边吃一边忙着跟前后左右各路俊彦欢谈，吃完了，问新芽小姐："米型面，究竟是米还是面？一串外文字里，究竟哪个字是米型面？"问得大家纷纷埋头百度，搞明白 Orzo 是米型面。然后当晚主厨 Frank 不厌其烦，再做了一煲端给我，这次聚精会神，仔仔细细专心吃了半碟子。这个米型面，比意大利烩饭来得滑润和华丽，口感好得比较多，跟通常煮腊味煲仔饭的丝苗米，亦完全不同。治成如此美味馥郁的腊味煲仔饭，大约意大利人会热泪盈眶的，我猜。

The Press 吃饭饭，另一大愉悦，是太有文化了。一步踏进门，老申报馆的楼，弹眼落睛，见一次浩叹一次，谢天谢地，三马路上，到底还有垂垂老矣这么一栋老屋，一声不吭默默立在街角，已经胜过千言万语。当晚饭前饭后，颇叹赏了一些力奋收集的旧报旧刊。比如，1949 年 1 月 26 日的《罗宾汉》报，一派久违的小报作风，报眼广告，一侧是乔家栅猪油松糕，一侧是香粉蜜，能保天然美丽，海派得吃不消。中缝广告里，恒大时装公司，自诩是上海皮货大本营，是上海时装的领袖，细毛皮货，式样新颖，全部各货，惊人牺牲，欢迎比较，良机莫失。哈哈哈哈，字句铿锵，委实扎劲。喜欢细读旧报纸上的各等广告，烟火气十足，黑白上海，耐人寻味久久。

当晚一肩力奋，一肩孔伟律师，对面是对坐工坊的燕达小姐，断断续续，听燕达讲了一些如何帮助贵州的绣娘，让她们坐在家里就可以接到来自北京、上海、深圳的设计师订单，让苗族绣娘一边照顾家庭一边捡起绣艺。听完十分感慨，那是将男耕女织奉还给山乡苗民，而太多的时候，我们是以各种各样的借口，将这种诗意的生存方式淡忘了。致敬燕达小姐。

旧 芍
砖 药
古 扶
梁 醉
芳 红
齿 烛
激 高
萃 烧

· 夏日梧桐树下

· 记忆中的高安路

· 正午时分的康平路

· 梅龙镇酒家的红房子

· 绍兴路上的弄堂

俊糟，美骨，华汤，鱼尾一十八

暮冬日子，芳华歇息，山河瘦削削。刘国斌、叶放们，挽请七十四岁高龄的徐鹤峰大师，亲治华宴，于苏州吴江宾馆。饕餮局成，众吃客忘情折腰，蜂拥而至。暮色苍苍里，与国斌兄怀揣一粒馋心，精神抖擞，并肩立于酒店大堂内等候诸君，只见鹤峰大师戴顶软软暖帽，款款走出来。我是初见大师，细看七十四岁老人家，立在那里，头昂昂，满像鹤峰之鹤，顶级匠人那种魁劲，浑身奔腾。

入席，八个冷碟子，鲜翠宛然，极尽苏州菜的轻灵婉转。八碟里，仅一碟云林鹅是禽，其余醉蟹、糟鳗、炝虾、糟秃肺，全部是水物。琥珀醉蟹，是这一年里，食过的所有醉蟹中的魁首，玫瑰露用得魄力十足，雄沉绵密，风致嫣然。醉蟹要治得比不醉的蟹好吃，原是千难万难之事，以单薄的油盐酱醋，大多靠不太住，务必出动滋味华丽隽永之玫瑰露，方能推波助澜。与大师隔肩坐，食一箸赞一句，问大师："醉蟹是要腌多久？"

大师面不改色答："一个礼拜啊。"

醉糟湖鳗，看似平平无奇，一箸入口，糟香氤氲，湖鳗亦脆亦糯，亦清亦肥，分寸拿捏得极是微妙，食来欢洽无比。治湖鳗，大多大动干戈，很少见到如此不动声色之作，真高明手段。

黑鱼子酱糟秃肺，乌青当季，秃肺当季，糟制秃肺，入口即化，甘美与温存并举，十分优秀。

八碟子内，配了三碟素馔，尤以一碟黄瓜精彩，酱色饱满，生脆玲珑，跟大师赞叹，大师讲："嗯嗯，当然是好吃的啊，柠檬一定要捡法国的蒙通柠檬。"很惊奇，问大师："侬哪能发现蒙通柠檬好吃的？"大师仍然面不改色，答非所问地讲："不用发现啊。"言下之意，人家天生就知道的。讲完立起身，亲自于边厨台上，解封三件子给我们饮。

这三件子，煌煌一镬，是整堂华宴的眉眼所在。红纸解封，汤清极妍。三件者，鸭套鲍鱼，鸡套鱼翅，鸽子套瑶柱，以及汤中载浮载沉之辽参与鸽蛋，大师戏称，苏州版本的佛跳墙，并关照诸君，一人三碗汤，一碗一碗来。第一碗辽参鸽蛋汤，第二碗，解开鸭肚，鸭腹中的鲍鱼滚落，清汤滋味更臻馥郁，大师替我舀一小碗汤，鲍鱼之余，添一块白酥手一般的猪蹄子，款款饮一盏汤，至味至味。大师讲，猪蹄子前一夜拿盐腌一日一夜之久。二碗饮尽，再解鸡套鱼翅，立在镬前看大师解，鱼翅滚翻之际，亦看见鱼翅群内，有切成细丝的肉皮，炖得如胶似漆。鸡套鱼翅之后，解封鸽子套瑶柱。据说瑶柱用得，务必节制，最多五粒，瑶柱一多，味道冲出来，就沦落成海鲜汤了。三碗汤饮过，人人赞不绝口，大呼过瘾过瘾，看大家吃得畅意，大师抱着肚子坐在桌边，心满意足如慈祥老爷爷。听大师讲，这一镬汤，上午十点炖起，中间换三次汤水，反复勾兑，炖至黄昏五点半，于开筵之前半个小时刚刚熄火。隔肩的叶放先生讲，大师懂节奏，开筵即高潮迭起，一堂华宴，稳稳立于不败之地了。叶放这边刚讲完，大师在另一边跟我讲："好了，我要去厨房间了。"老爷子放了心，悠然去厨房看热菜出锅。

　　而我十分地思忖，三件子已至滋味巅峰，后面还要如何打动人心？岂不太难？果然，大师身手，后面的热菜，另辟蹊径，以口感制胜。如糟熘塘片，如云海腾波。

　　糟熘塘片，是取塘鳢鱼之肉，糟熘而成，呈盘时，下铺红醋姜片，上缀绿色珠子，糟香缈缈，滑糯无敌。鱼片上点缀的绿色珠子，看似小豌豆，其实非也，是挖成小珠子的牛油果，与鱼片一起，入口即化，你侬我侬，完全是神来之笔。宴罢请教大师，为什么会想到用牛油果小珠子？大师依然面不改色，答："好吃呀。"然后补一句："我做菜喜欢用水果的。"

　　云海腾波，下午于国斌兄这里拜读今晚菜单时，看见这道云海腾波，还问了问是什么。国斌兄讲，鱼尾。这个碟子上来的时候，称得上美轮美奂，一十八条鱼尾，拆骨清烩，下铺蟹肉，上覆蟹黄，姜丝葱丝，蓬蓬勃勃，色香味形，至臻至美。而鱼尾伴姜丝一同入口，腴美滑润，真真名副其实的云海腾波。

再来一个高潮，是一大盘丁香排骨爆花胶，大师特特煮给沈宏非吃的。大师于1971年起，于江苏的南京饭店和丁山宾馆工作，特别是80和90年代，于丁山宾馆任主厨，菜品极尽精细独特，一时无两，当年有食在丁山之谓。丁香排骨，是鹤峰大师当时的杰作之一，江湖匿迹已经多年，亏得沈宏非闹吃，大师翻出箱底之作，辉煌再现一盘。排骨上桌，沈宏非雀跃不已，得偿夙愿的淋漓尽致，真真不足与君说。这款丁香排骨，是于无锡肉骨头的基础上，精研细调，整顿出另一种局面来的。大师看众人食得风卷残云，亦眉开眼笑，讲了几句往事给我们后辈听。"当年丁香排骨，我们丁山宾馆的职工，生日时候，有两斤半奉送，四斤生排骨，才煮得两斤半生日礼物。今晚这一盘子，用了四十斤肉煮的，肉少了，煮不好吃的。"

整堂华宴，因为坐在大师隔肩，亦得见大师的饮食，从头至尾一整晚，大师吃了一大箸酒香豆苗，一碗清汤糟肉龙须面，半盏辽参鸽蛋汤，滚热时饮了半盏，凉透时再饮了半盏。

筵阑，大师问："还想吃什么，讲啊，下次煮给你们吃。"众人酒足饭饱，人人默默，惟我一人想法很多地哇啦哇啦，想吃蜜汁火方，想吃烂糊肉丝。从前的上海人，一清老早坐火车赴苏州，赶到新聚丰吃烂糊肉丝，吃完还要带一暖瓶回家给家人，到家时候，烂糊肉丝还是温热的。这种烂糊肉丝是正牌的烂糊肉丝，要费一个整晚的火候，专人盯着察看，才得。这种功夫糜费、又卖不了几个铜钿的菜，早已没有人肯做了。

散席后，移步至叶放先生府上，缓缓吃两道老茶，细细看毕一卷旧画，以终。

应时惠果

前菜

　　玫瑰香琥珀醉蟹

　　醉糟湖鳗

　　活炝湖虾

　　葱油萝卜丝

　　黑鱼子酱糟秃肺

　　云林鹅

　　柠檬爽脆黄瓜

　　馥珍酒菜

热菜

　　辽参母油拆骨酿翅鲍瑶三件子

糟熘塘片

云海腾波

丁香排骨爝花胶

生煸酒香大叶豆苗

清汤秃肺

美点

清汤糟肉龙须面

菠萝精品八宝饭

甜品

香青菜舒芙蕾

金大爷的饭品

仲夏之夜，本埠女食家玫瑰小姐治局于食庐，妖滴滴清嫩嫩的淮扬菜，杀暑大大利器。玫瑰小姐心思缜密，一个礼拜之前组群邀约，呼吁兼呼应各位食客，饭局当日一清早，并殷殷提醒，真真无微不至万无一失。偏偏么，当日是礼拜五，黄昏一出门，堵车堵到寸步难行，苦透苦透，六点准时，困坐在享道车车里，跟主人家道歉，要迟到了，实在是对不住。玫瑰小姐客气，讲，"不急，慢慢来"。二十分钟之后，玫瑰在微信里问我："要不要下楼去接你啊?"还好，那一刻，我已经飞奔到楼下大堂电梯口了，赶紧讲："不用不用，我来了。"

奔进小房间，席上团团坐满城中俊彦，人人饿着肚子笑容满面，弄得我惭愧个半死。万幸的是，我竟然还不是最后一个赴宴的客人，等我拍拍心口宽坐下来，谢谢天，左肩还空着个座位，啊哈哈，是金大爷的。开筵已经迟了半个小时，玫瑰小姐不免打电话给金大爷询问行脚，原来么，金大爷完全忘记了今晚的局，放下玫瑰电话，金大爷像仲夏夜的一道闪电，立刻冲出了家门。

格么，现场各位，就先举箸举杯了，大家一边缓缓食，一边缓缓等。难为嘉禄老师忙煞了，又要照顾我，还要照顾虚位以待的金大爷，每样菜，都给金大爷挑肥拣瘦码在小碟里，不多时刻，金大爷面前的碟子里，已是扑扑满一首荤素辋川。

食庐的冷碟子很用心很用力，一盘子小猪猪，摆得秀秀憨憨的，名字叫猪光宝气。嘉禄老师筷尖上搛了片顺风，要给我吃，是全盘仅有的一枚顺风耳朵。"喏喏喏，顶顶好吃的一块，给侬吃。""谢谢嘉禄老师，我不吃这个的啊。"玫瑰也帮着拦："不要吓人家。"嘉禄老师看看我劝不进，筷尖掉头，把顺风耳朵搁在金大爷面前的碟子里，"格么老金吃，吃块'不响'，顺风耳朵，只好听，不好讲，不响"。

一盘子冰盘，百合与青瓜，结顶几颗鲜枸杞，清鲜细洁，又好看，又好吃，双好如囍。嘉禄老师斟酌着，给取了个菜名，叫"清白人家"。听了吓一跳。嘉禄老师最近是不是在哪里受了刺激，给百合青瓜取这么个出尘出世的名字？通常么，馆子里的这路菜，都是叫"白玉翡翠红顶子"之类的，努力往奢华里靠拢，打死也不肯叫成"清白人家"的。

冷碟子食完，菜包狮子头、软兜包饼们，一一窈窕上桌，金大爷在微信里幽怨地讲了一句，"腰细了，延安路高架封掉了"。举座为之一惊，然后大家依然没心没肺地埋头饮食，置水深火热中的金大爷于度外。筵程过了大半半，金大爷终于的终于，冲了进来，挥着小汗暗暗问我："我迟到了多少辰光啊？"我看看手机，答金大爷："80 分钟整。"金大爷跟大家举举杯，然后埋头苦干面前的满碟子菜，嘉禄老师的心血，一大盘子拼盘，从"清白人家"到狮子头，一应俱全。玫瑰小姐担心金大爷吃得不如意，金大爷虚怀若谷，安慰玫瑰，讲："我像吃自助餐，好得不得了。"默默干掉满盘锦绣，不在话下。

饭后甜物，是桂花酒酿米糕，玲珑一笼，细软如云，久违的好味道。不用玫瑰小姐劝进，金大爷食了三块，我食了两块，两个人愉快干掉差不多一整笼。

筵阑，劳金大爷送我回家，进车坐安稳，金大爷第一句话跟我讲："其实啊，我今朝在家里，晚饭已经吃好了啊，我完全忘记了今晚这个局，腰细了，我是不是年纪大了大脑萎缩了？"赶紧宽慰金大爷，"darling，正常的正常的，我也萎缩的"。原来，今朝金大爷换了个新手机，跟新手机如胶似漆纠缠了半日，比跟个美人厮混还吃力，弄得精疲力竭，黄昏真的累得昏睡了片刻，等接到玫瑰小姐电话，才想起来今晚有局。立刻奔出门，结果么，满街人潮汹涌，根本无法搭车，只好劳烦金大奶奶："侬送送我去吃饭好吗？"金大奶奶开了车上街，奇了个怪，延安路高架封起来了，再度寸步难行，金大爷想来想去，跟金大奶奶讲："我还是去坐 71 路公交车算了。"坐到娄山关路下来，金大爷骑了个小黄车，咯吱咯吱一路汗流浃背奔到食庐："我还怕人家讲我搭架子，我不是的啊。"

老男人有人品、衣品、车品、酒品、烟品，起码五品要精修，今晚深刻体会，老男人还有一个饭品不容忽视。金大爷，是我今年半年里，见识过的饭品最佳第一名，赞美。

· 山长青，水长白，米糕长糯

宁波菜的爱恨，小馄饨的情仇

陈冠柏前辈自天堂杭州来，治台小宴，同席并挽请本埠俊彦金宇澄、王震坤诸兄。我出生那一年，陈先生已自北师大中文系毕业，等我大学毕业，陈先生已是文坛叱咤风云的大将一枚。饭前，陈先生请我们饮明前龙井，落落饮了半杯，门口冲进来三位盛装女子，携着大捧鲜花，直奔金宇澄而去。诸君统统起立让位，围观金宇澄做生活。一时之间，满室繁花缤纷，阳春如面。

团团坐定吃饭饭，一举箸，我先叹了几句沈从文，谢天谢地，一台子，都是吃字比吃饭还要紧的读书人。昨夜于枕上读了大半本《从文家书》，好是好得来，1934 年那段《湘行书简》，沈从文写给张兆和的，火热滚滚烫的情书。沈先生早期的文字，真是天赋饱满不假思索，要什么有什么，笔笔不空，尤其是，那个时期沈先生的文字和灵魂，都是水漉漉的，跟江南读书人，很容易通达。

随便抄一节。

在路上我看到个帖子很有趣：

立招字人，钟汉福，家住白洋河文昌阁大松树下右边，今因走失贤媳一枚，年十三岁，名曰金翠，短脸大口，一齿凸出，去向不明。若有人寻找弄回者，赏光洋二元，大树为证，决不吃言。谨白。

三三（指沈从文妻张兆和），我一个字不改写下来给你瞧瞧，这人若多读些书，一定是个大作家。

这是 1934 年 1 月 12 日的书信，不知道如今辛苦拼搏在起跑线上的上海小学生们，写不写得来，这样精灵活跳的小帖子？

金宇澄接过沈从文的话头，讲沈从文。"伊在上海，是一点不开心的，伊从北京来，很不习惯上海的逻辑。在上海刚刚租定房子住下来，房钱一一缴清，第二日，却有人来跟他讲，要收扫地费，沈从文大表骇异，这是哪门子的逻辑，缴了房钱，还有扫地费？"我一边低头饮清汤，一边想，自己现在居住的新乐路，依然是要缴房费和扫地费两种钱的，房费交给房管所，扫地费交给弄堂的弄长先生，沈先生的胸闷，搁到今天，依然此恨绵绵无绝期。

金宇澄继续讲："沈从文在北京生活，习惯了赊账，想不
到，上海没有赊账这件事情。伊在上海，拿块料子，寻裁缝做
件长衫，等裁缝做好了衣裳，沈从文刚巧手边没有现钱，跟裁
缝师傅讲，'我现在没有现钱，等我有钱了，付侬工钱，我家就
住在侬旁边的'。裁缝根本不答应，这个不行的。解决方案是，
裁缝师傅和沈从文一起，拿着新做的长衫，去当铺当当，当得
的现金，一大半付了裁缝师傅工钱，沈从文自己，只得了剩下
的一两块钱。"北京是农业社会，一切账目，等收获之后清算。
上海是工业社会，绝大多数交易，银货两讫是铁则。习惯了农
业社会的温情脉脉，很难接受工业社会的铁血无情，由此生出
嗔恨甚至自卑，古往今来，又岂止沈从文一人？

讲完京沪双城，陈先生讲甬沪双城给我们听。"我是宁波
人，阿拉宁波几乎每一个家庭，都有亲眷在上海的。从前上海
人家，一栋小楼里，各色邻居，共享一间灶间，到了年底烧年
夜饭，各家烧自己的家乡菜，流派纷呈，百家争鸣，香得不得
了，而宁波人宁波菜，上海每一栋小楼，每一条弄堂，几乎都
有的。我十六岁时候，60年代初期，从宁波来上海读高中，要
好的同班同学，住在威海路，家里是开轮胎铺子的，同学是轮
胎铺的小开。我到他家里去白相，很震惊他家里的起居饮食，
他家里吃梨，是切成小块，摆在瓷碟子里，每一块梨，插一支
牙签。我家在宁波也算是个知识分子家庭了，却从来没有看见

过这样子吃梨的。60年代初期，上海普通家庭，就有这种文明程度，我很震撼，至今记忆犹新。高中毕业，我去了北京读书，毕业在唐山工作。我再一次见到这样一碟子梨，是在80年代，上海的花园饭店咖啡厅里。"

金宇澄讲："吃生梨，我小时候，上海的水果铺，是可以一只一只买生梨的，买好一只生梨，老板当场给你削好皮，你就可以吃了，多少方便。这个事情，到了北京人嘴里，就成了一宗笑话，上海人买梨，一只一只买。他们不能理解，一只一只买，是一种方便，是一种服务。北京人买东西，动辄一车，跟上海迥异。后来开放了，跑到国外去看过，才晓得，外国人买水果，也是可以一只一只买的。古老的话题，上海的半两粮票，好像是上海人落在北京人民嘴里的一个经典笑柄。其实是北京人民不懂，半两粮票，是上海人下午用来吃一碗小馄饨、点点心的。北京人吃饺子以斤论，难以理解半两粮票一碗小馄饨这种事情，小馄饨侬买一斤试试看，有廿碗了，哪能吃法？"

陈先生继续讲宁波和上海。"我小时候，在宁波，清晨四点多，轮船汽笛就拉响了，从上海来的客轮快要到港了，那是全民兴奋的一个时刻。宁波每家人家有亲眷从上海回来，也就每家人家有人去码头接亲眷。轮船一靠岸，亲眷们下船，手里拎只哈尔滨的蛋糕盒子，盒子上有人民广场礼灯的图案，哦哟哦哟，格是吃价得不得了。阿拉小时候吃的万年青也好，蝴蝶酥也好，都是上海来的。宁波与上海，互相的滋养润泽，是千言万语难以说清楚的。我丈母娘是客运站的，管卖船票的，那个年代，我看我丈母娘，日日夜夜闹猛得不得了，一只手绢包，包了零碎钞票和小纸条，谁谁谁，几月几号，几等舱，几张票子，都是亲眷朋友托她买轮船票的，她家里的点心蛋糕，是吃也吃不完的。"

金宇澄有一半宁波血统，外婆家是宁波人，金宇澄说："听我姆妈讲，她们小时候，上海话讲我们，是讲我侬的，到后来，宁波人带来了阿拉，上海话里，才有了阿拉上海人这种讲法。"讲起外婆从前做的宁波菜，金宇澄眉飞色舞。"阿拉外婆烧的咸菜爌肉，好吃是好吃得来，现在哪能没人做了？肉肉切成红烧肉那种块块，咸菜有尺把长，肉肉油里先过一过，放咸菜下去，还有讨得来的免费的咸菜卤，一起炖，这个咸菜爌肉，我长大以后，再也没有吃到过了。哪能饭店都不做这个菜？是不是这个菜卖相太推板了？"金大爷讲法讲法，《繁花》式的悱恻开始洇染蔓延。其实演《繁花》，说《繁花》，金大爷自己上阵，真刀真枪，绘声绘色，比任何演员都合适。

被陈先生和金大爷讲得我馋心煎滚，面前一小碟子俊逸清华的清蒸白丝鱼，都快沦落成了粪土。当令最腴美的宁波时鲜，自然是鲦鲞了，前日黄昏，收到宁波大亨刁大宝先生送我的一大箱子鲦鲞，象山直送的，让我于仲春之夜，惆怅了久久，鲦鲟之腴美，真是春天的一种明媚艳丽。今日清早，又收到刁先生送来的一大箱子宁波咸菜和鲜笋，宁波绝色的鲜与浓，后味十足的俊，我想大约只有沈从文那种天才笔致，才写得淋漓。

一顿饭，絮絮讲了那么多宁波菜以及上海人，跟陈先生婉转建议，不如，拍 100 集短视频玩玩吧，甬江与沪江的饮食，送往迎拒，多少深情与厚味。

谢谢金宇澄，饭后将全副的鲜花，都转送给了我，那么大捧的花，隔日清晨慢慢分瓶插起来，满满腾腾，一房间的繁花，似锦绣。

芍药扶醉夏丽宴

礼拜天落了一整日的乌苏黑雨，黄昏换件干净衣服出门，赴上海滩的夏宴，于新天地黄陂南路358号。雨雾细巷里，侧身掩入暗门内，随着知客的黑旗袍女子埋头拾级而上。身世非凡的石库门，于如此的黄昏推门而入，darling，总是惆怅深深的。本埠真正的老克勒，其实是这些沧桑历尽依然秀挺的老宅，而非那票日薄西山荒腔走板的迟暮老男人。

上海滩餐厅招牌的碧桃粉与鹦哥绿，五分改写过的乡气，五分鲜美如味之素的旖旎，满打满算，构成一种十分经典的远东滋味，窈窕，而且多姿。

而今夕何夕，上海滩的夏宴，摆满一堂深深浅浅的朱与粉，芍药扶醉，红烛高烧，旧砖古梁下，芳齿激萃的，是冰得凛凛的香槟。

头盘一首深沉辋川，鱼子酱茭白蟹柳，姜蓉虾油浸乳鸽，火腿小葱拌豆腐。其中的虾油乳鸽，非常江南，轻灵开启初夏繁雨的恹恹胃口，而一撮姜蓉不可小看，最是醒神之物。茭白当令，蟹柳阴润，口感飘逸之中有层层推进之丰荣。如果没有鱼子酱压顶，似乎更为可亲可爱。

焦糖和牛叉烧，实在不可能不好吃，事实是美味无敌，满盘一个壮丽的赢字，陪衬两切手指柠檬，有效平衡和牛之肥腻，温存抚慰食客的胃口，不至于止步于此时此刻。稍稍奇怪的，是饰盘的一枚枫叶，有点离题。初夏丽宴，取一朵晚香玉夜来香甚至茉莉，跟和牛，是不是绝配？

罗勒鸡汤淋加蚌，鲜润滴翠，高华有致，于平静无波中，暗香浮动，十分节制，真真上品杰作，堪称整晚的点睛一碟子。宴阑之后，特意跟俞斌主厨致意，认真赞美这个碟子，萝袖蚌玉，隽美。

脆皮花胶，宛似一枚花胶的天妇罗，配以厚味海胆酱，秾丽奔腾，金碧辉煌。整幅晚宴，走到此，味觉已臻无以复加的高潮，担心主厨如何往下走才能不散神？

果然，以下连续两个碟子，一酸一辣，另辟蹊径。酸菜柠檬煮星斑，花椒落得丰足，星斑火候到家，鲜脆秀妍，恍如另一个版本的冬阴功。不过主厨解释，此菜灵感是来自汕头。辣椒酥肉蒸裙边，十分黑金的一个碟子。上礼拜还在跟厨师饭伴们闲话，能不能做一碗纯肥肉肉的红烧肉来尝尝，不意今晚竟默默邂逅了。一片裙边，叠一切红烧肥肉肉，覆盖一层暗红辣椒，十分煞念的一个碟子。关公登场，必要配青龙偃月刀，以敖云 2016 衬托酥肉裙边，实在是押韵。当晚刚巧敖云酒庄的 Mathew 坐在我右肩，一边饮食，一边听 Mathew 科普我诸多敖云细节，这个深藏于云南香格里拉的精彩酒庄，拥有 900 幅土地、314 个大小不等的葡萄园，平均海拔高达 2600 米，全部有机手工培植。当晚的侍酒师吕杨先生挑选的酒品，以开局的一款小众优雅香槟，以及束尾的这款风华敖云，最为动人肺腑，留香深邃。

晚宴最后的甜物，青苹果奶泡，取青森苹果精华，制雪葩、酸奶，配以香槟啫喱，口感层次分明，尽显法兰西精神，亦十分展示主厨的眼界。新一代的中国菜厨师，普遍制得一手优雅西式甜物，色香味形，有乱真之趣，真是食客福音。

当晚左肩是申思先生，第一次有幸与申思先生接谈，此君身上，有一种难言的骄子气息，清凛娇甜，非常让我迷惑，虽然我们整晚在闲谈的，不过是朴素无华的青少年足球培训。微信上跟远在欧洲的包子讲，妈妈今晚与申思一起吃饭饭。很少对我表示崇拜的包子，立刻回了一句：妈妈太厉害了。

仲夏夜的蟹黄、鸭方、鸡粥与条头糕

Julia 毛文采小姐和 Peter 叔叔贤伉俪，伏日治局，于新张不久的云和锦庭，佳日吉时是礼拜天晚上的六点半。结果么，很不幸，当天下午五点缺十分，毛毛打电话给我说："腰细了，沈宏非刚刚跟我讲，他要早到，五点钟就到，哪能办？我还在朱家角。只好请沈宏非在饭馆附近的咖啡馆坐一歇，darling 侬早点奔过去好吗？"跟毛毛讲："好，我来奔。"

等我赴汤蹈火奔到小咖啡馆，沈宏非携了大包小包，一个人孤独地、胖笃笃地坐在极简空间里，四周仙仙的，水漉漉，绿意丛生，远看近看，像极了一枚龙猫 Totoro，巍巍然，穿着花衬衫的永嘉路 Totoro。最近上海饭局的老男人们，蓦然奔放起来，吃饭饭，有的迟到八十分钟，有的提早九十分钟。darling，上海不是进入了三伏天，是一步跨入了魏晋。坐下来讨杯白开水，跟 Totoro 促膝讲闲话。Totoro 开口就跟我讲，侬写点促刻的来看看呀。Totoro 真是坐着说话不腰疼，促刻的，城中哪位是我得罪得起的？

六点半开筵，云和锦庭摆了一桌清秀凉菜，糟物小小一碟，体贴地一人一份，一枚鲜鲍一枚鸭舌，毋庸置疑，当然是可口可心并可爱的。一碗茴香马蹄笋，白玉清嫩，灵光四溅，非常杀暑。一边食凉碟，一边暖场，旧雨新知们，彼此面对面调整称呼。我管 Julia 叫毛毛，陈伟德管毛毛叫 Julia，毛毛叫我石磊姐姐，我管 Peter 叫 Peter 叔叔，Peter 管我叫石磊姐姐，错综复杂得一天世界。Totoro 一边吃饭一边吃字，冷静地讲："姐姐、姐和大姐，是不一样的。"席上众人集体拍大腿，对对对对对。叫我姐姐，我还蛮受落的。叫我姐的呢，基本上都是要做我生意的，比如广大房产中介们，清一色是叫我姐的。据 Totoro 讲，白马黑马之类的地方，统统是叫姐或者亲姐的。

前些日子，跟 James 一起吃晚饭，James 是七十七岁老前辈，口口声声叫我石老师，我被老前辈叫得毛骨悚然，跟 James 商量："侬阿好不要叫我老师？" James 讲："格么叫啥？要么叫侬 darling？"我讲："好，情愿 darling 的。" James 笑说："啊哈哈，本来我想吓吓侬的，想不到，倒是我被侬吓一跳。" James 是蒋中正和陈洁如的外孙陈忠人先生，前辈风流，吓来吓去。

1949 年以后，我国流行的称呼，爱人、同志、老王老张、师傅、工程师、王总李总，现在轮到老师。这些称呼，有一个共同的特点，统统没有性别的，弄得一国上下，男不男女不女。

我从来不称呼任何人王总李总，男生一味称先生，女生一味称小姐，如此一贯到底，男人是男人，女人是女人。

热汤端上来，是别具怀抱的清炖八宝鸭，白汤清炖，满腹经纶，这个版本的八宝鸭，还是第一次遇见。侍者举刀叉，切开饱鼓鼓的鸭腹，啧啧啧啧，一肚子的糯米莲子七八种宝，炖足十来个钟头，才得一口切切实实的糯。汤入口，浓酽无比，三伏天气，补是补得来。

席上各位，主人家毛毛和 Peter 是雕塑专家、策展人、罗浮紫的创始人，伟德是我国玻璃艺术的第一人，吴亦深是艺术收藏家、吴湖帆的曾孙，Totoro 是人尽皆知的我国食神。大家讲讲伟德的玻璃，不小心，就讲到了老房子。Totoro 蹙眉，讲："老房子哦，难弄的。我一个朋友，最近看见威海路那里一栋老洋房，里面开了家面馆，一个震惊，为啥呢？因为那栋老洋房，是他年轻时候女朋友的家。他心情复杂地跑进去吃面，二十块钱买了面筹，登上二楼，房间里坐定，等面端上来，等得肝肠寸断，跟面好吃难吃倒是没关系，是他感慨万千，从前喜也进不来的、梦中情人的闺房，如今花二十块钱，穿双跑鞋就踏进门来了。"

瓜姜鱼丝，主厨葛培峰先生，今晚改了个版本，拿明虾替换了鳜鱼，明虾片替代了鱼丝。瓜姜鱼丝、韭黄鱼丝，都是极秀逸的佳肴，人见人爱。毛毛讲，每次来吃饭，只要有一盘瓜姜鱼丝，就够了。当晚另一个碟子，倒是用鳜鱼丝炒的，樟树港青椒、野生海蜇，配鳜鱼丝，椒丝、蜇丝、鱼丝，峻火快炒，上桌时，翠、嫩、细、鲜、香，一应俱全，举桌赞不绝口。吃得太好，脑子就有点瘫痪，这个菜名，侍者轻声细语，耐心跟我讲了三遍，我才完整听明白，樟树港青椒、野生海蜇、配鳜鱼丝，漫漫一长串，像法国菜意大利菜的菜名。

　　吴亦深先生世家子弟，一无习气的世家子弟，极难得。吴先生精饮馔，自承最喜一盘鱼香肉丝，可惜，做得地道的人家，实在是，没有的苦。这个是真的懂吃了，一等一的食家，不是会吃山珍海味，而是会吃地道古法家常菜。吴先生讲，刚开始有"饿了么"的时候，他把家里附近方圆多少公里之内的鱼香肉丝，一盘一盘，都叫来试了试。结果是，没有一盘是认真做对的，饿了么变成饱了么。原因并不复杂，鱼香肉丝这种家常菜，于上海，顶多卖到28元了，超过30元，基本上是卖不出去的。而28元的鱼香肉丝，连食材与人工，根本不够成本花销的，那还能如何呢？自然是偷工减料荒腔走板了。Totoro 颔首，称："如今上海市面上，一枚扬州狮子头，如果是照足古法细切粗斩、而不是剁肉糜来治，食材与人工的成本，至少是120元人民币一头。"吴先生讲："我想吃150元一碟子的鱼香肉丝，可是，吃不到。"

　　当晚，主厨治了一盘子鱼香鸽丝，吴先生伴一碗白饭，称心如意，食得欢洽。

锅贴鸭方，像是京帮菜，Totoro 说，主厨一手淮扬菜，一手京菜，两只手都厉害。这盘锅贴鸭方，将众食客，从淮扬的精雕细刻，一步就带到了京菜的厚朴沉着，滋味古老，很美。

三虾豆腐，亦好，以三虾的极鲜甜，配豆腐的极细嫩，一人一盅，滚烫上桌，真是滴滴软的小姐菜。毛毛想优待优待 Totoro，讲："等歇给侬来碗三虾面。"Totoro 吓得不要不要不要，一副吃腻吃怕了三虾面的恐惧，然后跟我讲："侬看见朋友圈吗？傅滔滔今天在云和面馆排队吃三虾面。"轮到我吓一跳了，云和面馆是本埠知名面馆，也是云和锦庭的姐妹餐厅，礼拜天真的是大排长龙，朋友圈里，滔滔于 37 度的酷热里挥汗如雨，大叹：为了这碗面哦，以下省略一千字。

红烧马鞍桥，现在也少见有人家做，看见了，心生欢喜。鳝鱼当令赛人参，一箸食完，毛毛问我感想如何，跟毛毛坦承，似乎不够甜。再问 Totoro，Totoro 比我高明，比我会讲话，跟毛毛讲："侬这个颜色上来，就是要甜的啊。"啊啊啊，江南人的红烧，是一种悲欣交集的甜。

然后甜物来了，一盘子金灿灿的蛋挞，几乎是令人雀跃的。Peter 叔叔香港人，跟 Peter 请教："全上海，除了你家这里，还有哪里找得到好吃的蛋挞？"Peter 叔叔想也不想地答我："没有了。"Peter 叔叔家的蛋挞，有两三粒葡萄干在内，食感爆浆喷射，难描难画，很是锥心。我跟 Peter 叔叔推心置腹："每次去香港，最爱食两件小东西，一件是蛋挞，满大街，家家店好吃，每天吃一对，幸福煞，回上海再也吃不到。另一件，潮州人的牛腩河粉，清汤牛腩炖得温存，河粉更是如丝如绢，热泪盈眶。回到上海，没有一家牛腩炖得及格，河粉更不能提，全上海的河粉，统统粗恶如 414 毛巾。"等我声泪俱下讲完这几句，Peter 叔叔说，对。然后高考我："你猜猜，阿大葱油饼，如今卖多少钱一个？"我瞪眼想了半分钟，答："八块钱差不多吗？"Peter 叔叔说："八块，叉叉，旁边改写了十块，刚刚更新的价钱。前几日，路过阿大家，当天最后一锅子饼，刚好出炉，队排得很长，我伸头看看锅里的饼，想想今天是肯定吃不到了。刚想走路，排在第一位的小姐快要哭出来了，为啥呢？原来，伊排了半天的队，好不容易排到了，却没有现金，阿大家只收现金的。我想了想，跟小姐商量，我来付二十块现金的饼钱，你不用给我钱，我们一人一饼，你看可以吗？结果么，我们两个人，都成功地吃到了阿大葱油饼，哈利路亚。"我听了很心惊，原来人还是要带现金上街的，问席上人人："你们身上都有现金吗？"人人摸出钱包给我看，毛毛讲："身上没有现金，我没有安全感的。"啊啊啊，六个人，五个人随身携带现金，只有我一个人，不光身上一钱没有，连家里也一钱没有，多么恐怖。

　　当晚格外开心的，是饭后一而再、再而三地，上了三道细点，人生里，没有比缓缓吃点心更幸福的事情了。蛋挞之外，还有指甲盖大的葱油蟹壳黄，以及窈窕的桂花条头糕，美极美极。我问毛毛，点心师傅是哪位，毛毛讲："点心师傅叫季根宝，女师傅，叫了个男人名字，季师傅是位有趣的上海 Lady。"

最后，要写一笔当晚最厉害的一道菜，翡翠鸡粥，上桌时，硕大一枚银盘，托着一玻璃酒瓶的翡翠鸡粥，辉煌得仿佛身临凡尔赛宫。侍者戏味浓郁地以雪白餐巾，小心翼翼捧起滚烫的玻璃酒瓶，缓缓注鸡粥于青瓷杯内，众人叹为观止，肃立良久。此鸡粥，不同于小绍兴鸡粥，是以纯细鸡蓉调理，入口软滑如粥，奢靡得，像盐商家的饮食。饭前，于咖啡馆看见 Totoro 大包小包，其中一个大包，就是 Totoro 携来这枚大银盘子，以托举今晚这款翡翠鸡粥。粥毕，捧着银盘子端详，心潮澎湃地乱想，这枚银盘子，大概是来自波斯帝国，铁血长风，软玉温香。或者是法国的，路易十几家里的，曾经经常堆满翠的葡萄和红的石榴，旁边还垂着一枚羽毛丰艳的野鸡猎物，宛如伦布朗的静物画，啧啧啧啧。深情问 Totoro："这是哪里来的银盘子？"Totoro 答："借得来的，darling。"

　　冷菜

　　　　脆皮咸鸡

　　　　茴香马蹄笋

三丝黄花菜

糟香鸭舌鲍

熟醉六月黄

热菜

青椒海蜇鳜鱼丝

瓜姜明虾片

红烧马鞍桥

凡尔赛翡翠鸡粥

三虾豆腐

鱼香鸽丝

锅贴鸭方

虾籽空心菜

锅塌丝瓜

清炖八宝鸭（汤）

点心

葡干蛋挞

蟹壳黄

桂花条头糕

潮州菜的夏日婉约

傍晚翻闲书，看到书里一堂俗宴，几枚俗人，吃吃酒，玩玩酒令，挨次说个最怕闻、最喜闻、最怕见、最喜见。

最怕闻，晚娘骂子妻嫌妾；

最爱闻，画廊鹦鹉唤茶声；

最怕见，佳人娇小受官刑；

最爱见，绿野春深官劝农。

俗是俗得刻骨，倒也清明好看。最好看一句，最爱闻，家人来唤吃馄饨。丰子恺兮兮的，弄堂真理。

翻完闲书，出门吃饭饭。晶浦会，莲香依然，夏季品鉴晚宴。

晶浦会以新派潮州菜标榜，富丽堂皇，嫣然有致。打开当晚菜单，密密麻麻，赫然有两页纸之多之长，右肩的 Brian 咋舌，笑言："腰细了，今晚要吃出工伤来了。"

　　凉碟子治得美轮美奂，花雕醉膏蟹，一向最得人心，卖相上乘，滋味无敌。糟香四宝是上海夏季常见常有的一个清凉碟子，今晚的娇俏，在于其中一宝，是潮州芥兰入糟，真清喜。通常本帮糟，是莴笋或者茭白。火腿百合包，拿百合研泥，裹火腿，粉团团，雪雪白，凉意丛生，入口亦细柔。如果百合泥里，调三分 Cream Cheese 进去，想必更破沉闷与拘谨。凉碟子里，最美味，是一碟朴素的烟熏潮味鸭脯，柔润甘香，不柴不涩，当真佐酒隽品。随凉碟子一同上桌的，还有一小盅养胃汤，碧绿生青，滚烫，火腿香十足，而且，小小一盅，点到即止，分寸极好。左肩的店东施炜先生讲，养胃汤四季四个版本，番茄、青瓜、南瓜和山药。于冷得彻骨的空调屋里，吃冰酒吃凉碟子，有如此一小盅热汤箫鼓追随，真真熨帖。

　　晶浦会拿手的看家菜，帝王蟹三食，真真金碧辉煌，熔各种手段于一炉。第二食的意大利米海胆汁煎蟹腿，最是曼妙，一点点意大利米，滑软如珠，是神来之笔，于蟹腿肉与海胆汁的你侬我侬里，增添丰荣口感，非常醒神。三食的潮式蟹肉响铃，伴碟是潮州的金橘油，让直抒胸臆的炸响铃，蓦然轻拢慢捻起来，好滋味。

　　饭后甜物，玫瑰荷花酥，大盘大盏地端上来，桃红柳绿，大有潮汕乡土气息，酥治得极好，层层叠叠，累累不止，而且丝毫不腻。作为晚饭后的甜物，略嫌磅礴，当作下午点心，最是得当，一枚起，两枚止，玫瑰人生，可以忘忧了。

　　饭间，与左肩的店东施炜先生聊天，施先生对煮菜一道的热忱，堪比刚刚过境的十二级台风烟花儿，与如此专家共席，我自然是举了一百次手，问了两百个问题。最后一个问题，请教施先生：格么，一样是以大小海鲜为主，潮州菜，跟上海流行得不得了的台州菜，怎么比较？施先生略一沉吟，答："既然侬问到这个问题了，那我就不怕得罪人，跟侬实话实说吧。潮州菜台州菜，确实有相似相近的地方，大家都以海鲜为主，不过台州菜有一个问题，离不开猪油，猪油这个东西，香是香的，好吃是好吃的，吃多了，总归不太健康是不是？"

　　潮州菜里，我很想念一件甜物，好像全上海，没有一家肯做。茶盅大小的一小盅，蜜得深沉的白果甜汤，清甜软糯，无与伦比。简单得不能再简单的一盅，可惜，离了汕头，似乎哪里都吃不到的苦。

梅龙镇的太平风物志

风雨日，与张少俊、夏书亮兄饮食于永嘉路。少俊是三十年亲爱旧雨，书亮是中年新知，两位都是出色画家，少俊精水墨，书亮画油画，然后还分别有一些出生入死的别致爱好。当我挥着小汗迟到五分钟匆匆奔进餐馆，书亮先生刻不容缓迎上来握了一把久仰之手，啊啊啊彼此寒暄一分钟，落座之前，我已经十分肯定，这一位，绝对是枚少爷。为何如此肯定？想了很久，无法言说。上海的这一辈末代少爷，大多出生于 20 世纪 50 年代末 60 年代初，并没有过到几天锦衣玉食的佳美日子，却仍有血脉相传的贵气清气，清气比贵气更难得，基因里的营养依然绵绵不绝，亦抄过家亦下过农场亦考过大学亦跋涉过重洋，一切的艰难挣扎，无不与时俱进。而人到中年，音容笑貌里，依然有清晰的少爷气息不绝如缕。照理讲，少爷老成，顺理成章变成老爷，而奇异的是，这一票少爷，一辈子不再有机会变成老爷，他们的气质，永远地定格在少爷那里，一生一世。

于是我今天看到的这些六十出头的上海男人们，上海最后一辈的少爷们，大多有一种难以与君说的气质，看多了，我是一眼就能辨出来，然后是，于心底深处，黯然一恸。

书亮先生幼年住在南京西路著名的重华新邨，当年虞洽卿造的房子，公共租界里的名邸之一，至今宛然犹在。门口大名鼎鼎的红砖洋楼乌鸦公馆，历尽沧桑，岿然不动，一部分成了梅龙镇酒家，依然国营着。马路对面曾经的西摩路小菜场，如今沧海桑田成了金鹰商场。窗外暴雨狂风，窗内我们吃了两筷子熏鱼咸鸡饮了半壶滚热普洱，书亮先生跟我讲："我小辰光，在家门口，看梅龙镇拿出成打成打的碗碟，带龙凤图案的碗碟，描着金边，在饭店门口那个小广场上，大举砸碎，惊心动魄，一辈子难忘。那种碗碟，我家里也有，姆妈藏得很仔细，过年时候拿出来用几天，吃吃年夜饭，请请人客。平时家里打碎一把调羹，都是大事情了，如今目睹梅龙镇如此大手笔砸碗碟，震撼无比，震耳欲聋的碎声，比满地狼藉的碎瓷片，还要刺激人心。我一辈子，也就看见那么一次，那时候，我不过七八岁。"

这一餐悠长午饭，少俊和书亮，齐心协力，讲述了一篇童年风物志给我听，饭后，我消化了久久。darling，巴尔扎克的人间喜剧，远在巴黎，近在重华新邨，就在梅龙镇酒家门口。

之一

　　书亮先生住的重华新邨，20 世纪 30 年代房子造好的时候，就有煤气灶有抽水马桶，邻居里，名人层出不穷，最通俗易懂的一位，是张爱玲小姐。书亮先生的父亲是四川人，母亲是湖州人。父亲 1951 年从香港回来上海，与弟弟一起，开了五福织布厂。兄弟二人风格不同，哥哥低调厚朴，弟弟华丽喜悦，一只小分头走进走出。哥哥一家住在重华新邨，弟弟和爷爷奶奶一家，住在不远的长乐路 500 弄。某个午后，书亮小男孩跟着姆妈，在后弄堂里兴致勃勃爆炒米花，爷爷家里汗流浃背小跑来一个小孩子，奔到书亮家里暗暗通风报信："爷爷奶奶家里抄家了，你们家也准备准备，大概今天晚一点也要来抄了。"书亮记得，姆妈听了报信，脚骨都软了，从后弄堂爆炒米花的摊子，牵着书亮往家里走，真真难以为继，路都走不动了。到了家里，姆妈把家里所有值钱的东西，打成一个大包裹，端端正正放在饭桌上，带着儿子们默默坐在饭桌旁，意思是：要是来抄家，不用动手了，我们都整理好了，拿去吧。母子们如此胆战心惊地坐着，一路坐到天黑，动也不敢动。到了夜里八点多，下午的那个小孩子又奔来报信了，说："不来抄了，今天晚了，累了，他们回去了，不来抄了。"

　　过了几日，书亮的父亲，不想妻儿们再受如此的恐惧折磨，默默拿了全部的家私，跟人家讲："你们拿去吧，我们兄弟的织布厂，你们也拿去吧。"事情一出，全厂哗然，没有人想得到，平日低调厚朴的厂长先生，竟然是如此大富人家。人家把织布厂拿了过去，改名第五织布厂，打算给书亮的父亲，在厂办工作室里，安置一个工作。书亮的父亲坚辞不受，一口咬定要下车间做工人，每天拿一团纱布，擦拭织布机上的锭子，擦到老擦到退休擦了整整一辈子。

书亮说："我那个时候七八岁，跟桌子差不多高，立在桌边，瞪着眼睛看大人，看屋里发生的一切天下大事。"

之二

重华新邨门口，梅龙镇酒家那栋房子，红色的，英国人造的，正式名字叫乌鸦公馆，从小家里人叫这栋房子红房子，前面一个小广场，大致是一个排球场的篇幅，此地是书亮先生的童年乐园，他于此地看过各个时代的西洋镜，亦是在这片空地上学会的骑自行车。红房子的一部分是梅龙镇酒家，一部分是大夏大学的在沪分校，儿童文学翻译家任溶溶先生在这里读过大学、吃过校门口的香浓咖啡，念念不忘好多年。还有一部分是弘毅中学弘毅小学，虞洽卿是校董，书亮小时候读书，就在这里，不过当时已经改名叫南京西路第二小学。书亮先生说：

"我小学生的时候，非常眼热人家，家里离开学校有一段距离，落雨天去上学，看人家学生撑把雨伞，味道好得不得了。我呢，学校就在家门口，落再大的雨，都不需要雨伞，奔两步，就进校门了。我从来没撑雨伞上过学，于心狠狠不足，童年一大痛点。"

这种少爷式的隐痛，好气又好笑，听一个年过半百的老男人跟侬娓娓道来，老实讲，我还是震动的。难怪书亮先生如今画一笔细节琳琅、滋味无穷的老派街景，自幼丰富的内心，千层万酥，沧桑可比阿大葱油饼，葱香油香，浑然一体，令上海人百转千回欲罢不能。

之三

重华新邨的住户，20世纪60年代开始，变得五花八门，书亮自己家里，一栋楼，从两只煤气表，变成七只煤气表，夏家长长短短七口人，浓缩到一间屋子里起居。折起的手脚，收拢的羽翼，是上海人，都懂的。

整条弄堂内，最狭窄局促的一户人家，住一间五个平米的亭子间，住户只有一个人，一位皮皱背弓的老太太，据说是当年的刑满释放分子，老太太的丈夫，是国民党军官，老太太年轻时候出入有小汽车，起居有勤务兵。后来军官丈夫不知是被镇压了、还是远遁了，总之局面是，就剩下了老太太一个人，流落到了重华新邨的一只亭子间里。

弄堂里的邻居们，叫老太太好婆，孤老。书亮先生记得，好婆每天早晨起来，搬把小凳子，坐在弄堂里，吃吃香烟，望望野眼，香烟要吃的，再拮据也要吃的，八分钱一包的生产牌，跟充满话梅香味的凤凰牌，是一个天上，一个地上。然后是亲手生煤炉，好婆家里是没有煤气的，每天清早日课是生煤炉子，浓烟滚滚一条弄堂。过年之前，发鱼票，重华新邨的全体人民，老老少少一齐出动，一大清早五点多钟，去对面的西摩路小菜场，排几个钟头的长队，买三角三分的阔带鱼吃，一年仅此一度。平日里的带鱼，窄窄薄薄，卖一角九分。后来在书亮先生的画室里，看见他画的一幅带鱼，豪华宽阔，朝我瞪着著名的死鱼眼睛。书亮特地跟我解释，三角三分的。好婆这样的女子，当然不肯自己去小菜场挤进挤出，伊人有伊人的办法。她的鱼票，可以买三条带鱼过年，好婆自己只要一条，另外两条送给邻居。伊拿鱼票交给邻居，"侬拿去，帮我带一条带鱼来就好了"。风轻云淡，从从容容，就将苦海余生这样的惨淡事情搞定了，并且还要添一句，"三条鱼么，我吃不完的呀"。不动声色，面子里子俱全。书亮说，他从八岁佩服到现在六十岁。

弄堂真是一座活泼泼的好学校，什么案例都学习得到。复旦交大，何须盲目崇拜哈佛华尔街？落点功夫写几大册本地教案，塞进 MBA 课程里，格么叫懂经。

之四

书亮讲，重华新邨里，从前有一胖一瘦两个老男人，专职拍苍蝇扫弄堂的一搭一档。听听看，巴尔扎克味道浓吧？胖子大块头，姓虞，虞云久，虞洽卿家的人。瘦老头姓高，高老头。虞大块头曾经是弘毅中学校长，后来变成扫地的。书亮说："虞大块头扫地间隙，会坐在我家门口的花坛旁边，自己编扫帚，有时候还跟拍苍蝇的高老头讲讲闲话。虞大块头虽然地位肮脏低下，不过伊扫弄堂，一点不畏畏缩缩，还老神气的，看见小孩子调皮捣蛋，虞大块头照样拿出校长余威，狠狠教训小孩子们。"

高老头是另一路风格的，走弱不禁风的路子，每次居委会革命干部，上门动员他去挖防空洞，高老头就喘成一作堆，上气不接下气，手势颤抖地往喉咙里狂喷定喘药水，革命干部看伊生不如死，就算了，讲："侬防空洞也挖不动的了，去弄堂里拍苍蝇，每天指标定额，拍 50 只苍蝇。"高老头每天上午立在弄堂里挥拍子，拍 25 只，带了死苍蝇回家吃中饭，吃好中饭，暗暗把 25 只死苍蝇一剪两段，变 50 只死苍蝇。书亮跟我讲，高老头，是他平生见过的，顶顶出色的男演员，重华新邨男一号。

　　然后再来一段，1969 年珍宝岛事件后，家家户户要做砖，重华新邨当然不可能例外。做砖头，体力生活，也罢了，顶顶胸闷，是砖头快要干的时候，被偷走了，指标完不成了，这个是一等胸闷事件。后来家家户户不仅要做砖头，还要家家户户派个人，日日夜夜看守砖头。

花旦孃孃，爸爸的旧物

　　上一篇写了梅龙镇的太平风物志，区区五十年前的人与事，结果么，无数读者来跟我考古、推敲、钩沉历史，好像我写的是五百年前的久远历史，模糊而多汁。整整一个礼拜，弄得手忙脚乱目瞪口呆，跌入苏州六姨太、宁波大块头、前弄堂后弄堂、各种门楣与门槛里。书亮、少俊和我，似乎是齐心协力撬开了一只生锈罐头的盖子，里面囤积多年蓄势待发一罐头的花色内容，终于，喷薄而出。梅龙镇与重华新邨里，有上海滩三巨富奚家、虞家、贝家的余韵，亦有密密麻麻苏州人宁波人的中产家庭，典型得不能再典型的上海，随便淘淘，阔阔绰绰足够写十部《红楼梦》，拍三十部《活着》《霸王别姬》《花样年华》，轻松横扫奥斯卡以及柏林戛纳威尼斯、金鸡银鸡乌骨鸡。

　　写少俊。

　　与少俊，是三十多年的老友，20世纪90年代初，我们于东京相遇，少俊读的是名门大学多摩美术学院，一枚于水墨里打滚的绍兴青年，谦和柔儒，沉静散淡，几乎没有留学生必有的那种张皇失措，走在东京街头，很像一枚土生土长的日本人。东京当年，头角峥嵘的中国人，实在是不胜枚举，大多满腔抱负浓郁炽热，少俊独特的水凉气质，始终让我吟味不已。当时我在东京做记者，冲锋陷阵，天天忙得像粒活生生的子弹。有时与少俊一起工作，年长的他，总是不声不响托着我，完成工作中的拍摄之余，总是默默替我留下一些私人的工作照片，一直到今年，少俊还拿给我看，当年在东京，跟冯小刚彻夜长谈的工作照。照片里的冯小刚，一张格格不入的面孔，桀骜不驯的龅牙，蛮像另一个星球的生物。我与少俊，看着旧照片，沧海桑田，笑了久久。

多年以后，冯小刚成了冯小刚，而少俊回到上海，一边继续他的水墨生涯，一边于上海视觉艺术学院做教授，同时，还替日本武藏野美术大学带硕士生，每年年初年末，总是拿几幅水墨给我玩玩，情深谊长，多年如一日。闲时每次见他，总是一身墨黑的三宅一生，重重叠叠，如乌云出岫。他是我见过的，穿三宅一生的中国男人里，最有三宅味道的一个，九成九的我国男人，何其不幸，把三宅一生穿成了抹布和睏裤。我也很多年没有见过冯小刚了，不知冯先生现在是不是也穿三宅？好像京里文化圈子，很是流行的说。

某日，少俊拿给我看，他父亲大人的笔记本，四十多本，整整齐齐，充满老一辈知识分子的严谨、持重、谦逊和高尚。
darling，我已经很多年，不用高尚这个词了，这么生涩、古老、
干巴巴的词，跟这个时代是难以相见的，而等我看见少俊父亲
的这些笔记本，我想得起来的、最合适的一个词，是高尚。

少俊讲给我听，他的父亲张宏毅，1924 年出生的，诸暨
人，少年时代非常能读书，于绍兴专区，一向考得头筹，当地
报纸上是要报道的。少俊父亲当年考入浙江最好的中学，是学
费全免的优等生。同学里，有两位要好的，一位是孙保太，后
来做到复旦大学的副校长，孙家的公子孙晓刚，无巧不巧，是
我的前辈校友，晓刚是复旦才俊，近年另一个公知身份，是凤
阳路百年应公馆的主人家。少俊父亲中学时代的另一位莫逆，
是杨欣泉，少俊讲，"杨叔叔选择了国民党，一路做到少将，是
蒋中正的机要秘书，80 年代退休之后，杨叔叔回来大陆，寻找
老同学，才找到我爸爸"。而少俊的父亲，中学毕业，以优异成
绩，直升了铁道学院。后来跟随陈毅，到南京的军校，负责编
写教材。抗美援朝的时候，父亲的工作，是负责送士兵上战场。
少俊小时候，还听父亲讲过，父亲在兵站里送士兵上前线，只
看见上去的，不看见下来的，战事之惨烈，非言语可以形容。
等仗打完，父亲带着士兵们回家，讲："我把兄弟们领回来了。"

"父亲的这四十多本笔记本，里面没有一字的涂改，没有
一句抱怨，没有一笔不满，统统是检讨自己不够好。1958 年

下放劳动，冬天赤脚干活，连袜子都没有。下农村劳动，夜里
睏在门板上，半夜落到地上，不讲门板窄薄，是检讨自己睏相
不好。"少俊讲："老一辈人的这种谦虚哦，现在的女人，长
得好看一点，就卖猛得不得了，凶是凶得来，跟从前是不好比
的了。"

少俊的孃孃，父亲的姐姐，于绍兴当地，是出名的越剧花
旦，1949 年之前就红极一时，每个月工钱高达 500 元，少俊听
奶奶讲，当时孃孃发工钱，奶奶是抱着一个饼干筒去领的，不
过，行头是自己的。后来，讲究自己割工钱，孃孃自割，从
500 割到 120，再割到 80，一直到死，都拿的 80 元。当年上海
一批工人，响应国家号召，去西安建设工厂，总理动员越剧明
星，跟着上海工人去西安，丰富工人的工余生活，为工农兵服
务。于是，孃孃就穿了列宁装，白衬衫，双排扣，像《英雄儿
女》里的王芳那个样子，欣欣然去了西安。过了若干年，上海
工人都流散了，越剧没有人听了，格么哪能办？说是改唱秦腔。
腰细了，孃孃绍兴人，一辈子，连普通话都讲不清楚，唱秦腔，
真是为难煞了。孃孃讲："我的身体，叫也叫不出来的。"格么，
改行算了，彻底不唱戏了，去糖果厂工作，包糖，有时候还寄
些糖来上海给我吃。孃孃就这样在西安，一直到退休，才回
上海。

顺便讲一句，少俊讲："我小时候，很不高兴家里来客人，

家里一有客人来，父母总是努力弄只鸡给客人吃，一鸡起码三吃，半只炖汤，半只白切，还要炒碗时件，变出三个体面菜来。然后父母跟客人讲，吃呀吃呀，不要客气，我们家里平时有得吃，吃得不要吃了，你们吃，多吃点。小人看得见，吃不着，很不开心的。"

少俊与书亮在一起讲话，是很趣致的，两个人都极其能说，一个语速快得密不透风，一个慢吞吞疏可跑马，一唱一和，总之不会有我插嘴的余地。

· 岁月就是一家人一起散散步

艳骨臭豆腐，柔肠莼菜羹

夜里无事，与前辈林伟平兄于微信上谈谈天，讲讲京戏，掩嘴笑笑红装大青衣，然后林伟平兄顺手默了份菜单给我学习。华英女士一星期经济菜单，刊载于1938年至1943年的《申报》，是当年《申报》的一个人气专栏。华英女士的这份菜单，每日两荤两素，一天的菜价，从最初的六七角，四五年里，一路涨到最后的两元上下。华先生当年月薪200元，华太太的经济菜单，一字一句，缓缓读来，真真有滋有味，清白人家。

比如，1938年10月13日，开篇第一期的经济菜单：

星期一：

荠菜炒肉丝，红烧小黄鱼，川菜线粉汤，扁尖炒菜心。

星期二：

青椒炒肉片，生煎小黄鱼，雪菜豆瓣沙，香干炒芹菜。

星期三：

面拖蟹，白虾豆腐，绿豆芽，蓬蒿菜。

星期四：

芹菜牛肉丝，清炖鲜带鱼，红烧洋山芋，金花菜。

星期五：

油面筋嵌肉，茭白炒虾，香干炒刀豆，雪菜豆腐。

星期六：

淡鱼干烧肉，虾米蛋花汤，油条黄豆芽，葱油萝卜丝。

星期日：

韭芽肉丝，清炖刀鱼，烤毛豆，炒芹菜。

　　林伟平兄指点我，一个名为《百代脚印》的公众号，经常在帖华英女士的这个菜单，研究历史上的今天，上海人在吃点什么，比如 1940 年 8 月 5 日的菜单：

星期一：

豇豆炒肉丝，糖醋凤尾鱼，青菜炒线粉，甜酱焖茄子。

星期二：

番茄牛肉汤，红烧鲜海鳗，面筋炒丝瓜，香椿拌豆腐。

星期三：

干菜焖肉丁，清炒元蛤汤，红烧素什锦，煎臭豆腐干。

星期四：

洋葱牛肉丝，虾米蛋花汤，百叶炒蒿菜，雪菜豆瓣沙。

星期五：

肉丝豆腐羹，煎烤小鲫鱼，扁尖烧冬瓜，京东菜粉皮。

星期六：

牛肉炒线粉，咸齑烧豆腐，干丝鸡毛菜，雪菜黄豆芽。

星期日：

肉炒酱，煎黄鱼，卷心菜，绿豆芽。

写完 1940 年 8 月的菜单，跳过来写 2021 年 8 月的菜单。东湖路淮海路口，晶苑的晚餐。

东湖路是一条极别致的小路，一点点长，从头至尾，十分钟一定可以晃一个来回，一步一景，开满大小中西餐馆，一家比一家峥嵘，难得的，倒是彼此安安静静，各有各的忠诚食客，泾渭十分分明。晶苑位于东湖路的淮海路口，一等一的好位置，闹中取静，在芳华菲菲里悄立红尘。推门入屋，大玻璃窗外，有宽敞翠绿的露台，临着东湖路，夕阳里，淡日筛金，十里清凉，很是杀暑气。

凉碟子里，一盘茶香猪肝，制得甘美，寻常食材，古朴手段，一样有佳美滋味，伴酒隽品。一歇歇，一个碟子被拣得干干净净，比刺身大鸡枞菌还得人心。

莼菜蟹肉羹，碧莹莹一盅，拿菠菜和香菜熬的浓绿汤底，添了西湖莼菜和蟹肉，沸火滚热地端上来，暮雨沉闷里，饮来真真温存，莼菜滑脆，蟹肉清甜，整盅汤羹，胜在一个轻字上。

猪手京葱羊肚菌，很罪恶，很黑金，很难说不的一碗菜。猪手这个东西，是全国人民的乡愁，比莼鲈之思，乡愁得多，把猪手治理好，一向是我国厨师的必修功课之一。晶苑的这一碗招牌菜，无骨猪手，炖得软糯有致，铺底的京葱，满含精华，羊肚菌塞满一肚子的虾胶，大碗捧上来，沉沉珠箔，舀一勺紫檀色泽的无骨猪手，食感赛如炖得浑厚的花胶，十分过瘾，席上男欢女爱，几乎人人爱极这一碗。

臭豆腐清蒸松叶蟹，辉煌灿烂地端上来，气味亦是磅礴的，宴至欢洽，仿佛一声长啸，十分提人精神。臭豆腐是一枝艳骨，闻着气味难言，入口柔弱无骨，那种滑糯悱恻，难描难画。臭豆腐这东西，叫了个貌似糟糠之妻的名字，实则艳媚得真不好说。这个盘子，好像也是晶苑的创举，真有意思真性感，今年秋深，要拿大闸蟹和臭豆腐来蒸蒸看，菊老枫丹，也许蒸出一个新局面来也难讲的。

糟熘东星斑亦好，好在一口糟香氤氲，晶苑师傅自己吊的糟，极轻灵，鲜烫嫩滑，无一不有，佳美佳美，好碟子。

且停停，食饭饭

立了秋，繁多风雨。午后黑雨倾城，令人裹足。当晚有明彻山房的雅集，远在嘉定。微信里与震坤兄商量，看看雨势再讲吧。大雨横行霸道落了足足两个钟头，终于气竭收歇，老天爷也是要睏中觉的好像。震坤兄讲："我现在出门，去接侬哦。"我讲好好好，开始洗手换衣裳，画第一根眉毛。

穿越乌苏不堪的城郊接合部，进入南翔，眉目终于疏朗起来。城市是好的，远郊亦是好的，尴尬的是城郊接合部，蓬头垢面，进退两难，像一条不三不四的夹弄。

明彻山房蕉阴深沉，主人家尹昊先生敏捷奔出来，松风竹炉提壶相呼，开心的。山房里，满房间旧物，轻易就堆了千年。蛮好蛮好，中国人就是这个好，倦了，或者老了，有大把旧物可玩，件件好白相，玩两辈子肯定没有问题，不至于心慌慌，坐等暮年痴呆。

黄昏前，团团坐了一屋子老男人，黑压压的，放眼望望，有点气馁以及心碎，尹昊先生不停手地泡茶、递时鲜货马陆葡萄。王金声先生跟我谈陈巨来："清水大闸蟹，篆刻的要素，就这点了，陈巨来也没有其他花样经了，为什么他老先生的东西，就是跟人家不一样？张大千也要伊，张伯驹也要伊，吴湖帆也是非他不可。"金声先生以密谈的口吻跟我讲："我上手看过陈巨来的印章，有过百之数，我讲给你听，我拿他的印，在手机上放大到极限，发现一个秘密，陈巨来的印章，你看看他的线条，横的竖的，统统是笔笔挺的对吧？其实哦，放大到极限，你就看出来了，他的一刀和一刀之间，统统是有一点点微细的高低错落不平的，绝对不是笔笔挺的，但是平常看起来，他那点错落不平，一点点看不出来，就是笔笔挺的。"金声先生把这个秘密，翻来覆去讲了三遍半，我终于听明白了，他发现的，是陈巨来的气韵。陈巨来的线条，人人可学；陈巨来的气韵，明明白白讲给你听，你仍是休想学得到。

李唯先生抱了厚厚的印谱给我看，一边吃茶剥葡萄，一边拜读李唯先生的作品，燕瘦也好，慎独也好，独坐林泉也好，若无相欠怎会相见也好。半本印谱翻完，肚饿了。

明彻山房的女主人严郁芳小姐摆妥了台面，殷殷来请大家入座，广大老男人们饿着肚子适度谦让了一歇，安静入座。一桌的凉菜，盛在温存的旧碗里，小小一盏，像童年家里的四菜一汤，无线电里的蒋月泉，隔壁人家的傅全香，啊呀啊呀，时光倒流，热泪盈眶。凉拌马兰头很甜很本地，紫檀色的酱鸭子甘香柔润，一一都好极了。

　　松茸焖的饭饭，妙龄鸡清炖的汤汤，明彻山房荷塘里的荷叶蒸的粉蒸排骨，古法百叶包肉，样样好吃得来，当晚最弹眼落睛么，是一碗盏蒸肉饼，李唯先生亲赴邵万生买来的咸鳓鲞，嘉禄老师以资深宁波人的窈窕身段，亲下厨房，挥刀治理，切段咸鳓鲞，落肉糜以及蛋，清蒸而得。这碟子清蒸肉饼，宁波人的一碗乡愁，奇香异鲜，尤其是咸鳓鲞的梅香馥郁，此时此刻，真想来一碗宁波人的硬泡饭。嘉禄老师讲："一条咸鳓鲞，头尾斩下来，千万不要扔掉，滚只汤，落点丝瓜，好吃煞。"

　　比较奢侈的是，当晚的饭饭，我们是团团坐在宽敞的明彻山房里，于满屋子的老家具、旧物件的簇拥下。尹昊先生讲："以前，我跟我太太每次去仓库，我太太都要不开心，我们收藏的这些老家具，堆在仓库里，缩手缩脚，我太太看了难过。所以我们做了这个明彻山房，让老家具们，能够有尊严地存在。"这个是将心比心高级款，将人心比了物心，真真清明可爱，我喜欢。

临行饮君一碗酒

　　新秋兰巧，江山有宴。傅滔滔热腾腾治局，替他的日本老友 M 饯行，M 从上海结束任期，返回日本，此一别，老友们不知下一面何时何地再见，真真惆怅的，难怪傅滔滔动情。两个礼拜之前，滔滔就隆而重之地拿宴客名单给我看，看完啧啧好久，单子上全部是城中现役人杰一线精英，没有离休干部退休董事长，赞赞赞的。宴会前夜，白天开了半日的烧脑会，黄昏奔去收拾手脚指甲，为明晚的宴会严阵以待。刚巧滔滔发来明晚的宴会细节，周到备至，不光有嘉宾名单，更有详细菜单，还有圆桌座位图，并附言提醒，请商务休闲装出席。跟滔滔讲，做得真好。上海滩通常的饭局，是治局主人于傍晚五点半打只电话给你："侬在哪里？夜里有空吗？过来吃饭，还多一只位子，快点来快点来。"

　　隔日黄昏，于倾盆大雨中，奔赴嘉府一号。进门黑压压一片西装的海洋，人海里，资生堂的中原杏里小姐，一身红妆，姣丽如一枝红珊瑚，十足资生堂气派。亲爱的路妍，一袭碎花薄纱布拉吉，浪漫纷呈，把开胃鸡尾酒递到我手上。这个是日本冲绳的泡盛，残波，入口亦清冽亦温存，沈逸良在身边讲："我亲手调的啊。"

一口气喘定，滔滔拉着我兜圈子，给我介绍诸位嘉宾。人人手捧名片，四十五度鞠躬，久违久违，热泪盈眶。美人于慧婷婷玉立，1996 年伊出演的《上海人在东京》历历在目，我们讲了一会儿当年同框的日本名优风间杜夫，长吁短叹。孔祥东黑旋风一样卷进来，笑容温暖如稚子，握手的时候，在心里一叹，啊啊啊，钢琴家的手啊，黄河奔腾、风吼马嘶，绝对千金不换的。然后滔滔重点给我介绍了钱锋先生，鉴真轮的船长，哇，Captain。侬写写伊哦，一肚子故事。钱船长一无笑容，严谨如军人，一句一句跟我讲，伊如何运输东山魁夷国宝级的作品到上海，让我咋舌不已。然后问钱船长，鉴真轮，什么时候能坐坐呢？钱船长答，现在不能，现在我们只能运货，不能运人。万恶的疫情，咬牙切齿。

团团坐下来吃饭饭，M 含情讲："我从日本来上海工作之前，滔滔在东京给我饯行，我到了上海赴任，滔滔在上海给我接风，现在我离开上海回日本，滔滔又给我办送别宴会，中日两国世世代代友好下去，是唯一的道路，举杯举杯。"滔滔讲了句催人泪下的话，常回家看看。我跟隔肩的柴国强一齐叹为观止，为日本人 M 一口字正腔圆挥洒自如的普通话，比我们这两个上海人讲得地道多了。

前一日，看到嘉府一号的菜单，心一沉，腰细了，密密麻麻，吃出工伤来的规模。等今晚真的开饭，倒是不必担这个心事了，整个宴席，自始至终，忙着讲话都来不及，根本不够时间不够嘴巴吃东西的。榄仁银丝鲫鱼羹，一盏雪白奶汤，细润鲜洁，抚慰夜雨里的人心。鸽蛋红烧肉，是此地辉煌看家菜菜，不好吃是不可能的。海派全家福轰隆隆端上来，正巧孔祥东在朗声念诗，爱情诗，一边听，一边一只蛋饺一只鱼圆摆到肚子里，眼耳鼻舌四官享受，至福至福。滔滔拍大腿："我想了一个礼拜，想弄只钢琴的，没有弄成功，否则今晚请大家听琴多么过瘾啊。"琴听不成，憾憾，路妍提议唱歌吧，中日两国俊彦，此起彼伏立起来清唱，孙禧进的《北国之春》一开口，吊了一句亢亮高音，如独鹤一啸，比千昌夫还北国，惊动四座。路妍挽着 M，一句一递，唱了首邓丽君的软曲。年轻俊挺的律师马军，唱《上を向いて》，朝气蓬勃，年轻就是力量。然后是一曲谷村新司的《昴すばる》，满屋老男人低声沉吟，渐渐轰鸣如法拉利，啊啊啊，darling，青春似旧，功名刍狗，于秋雨的夜，忽然就，红了双眼。如此的骊唱，想来，是难以忘怀的。

宴阑，立于宝丽嘉酒店黑金灿烂的台阶上，拍了大照。

然后，与于慧并肩立在酒店门前等夜车，魏海波走过来道别，握住美人的手，客气道："今晚见到你真是高兴。"我在旁边乐不可支："海波兄，侬侬侬，侬怎么一点笑容也没有？到底是开心还是不开心？"海波闻言一粲，说："见了美人，不好意思啊。"

红焖宴

桂子无香，白露不凉。礼拜五火热滚烫 30 摄氏度的黄昏里，步去常熟路季崇健先生府上，赴一席红焖宴。

季先生的小楼，于乌苏的暮雨里，透亮如水晶，荡涤胸中懊闷，心神一振奋。室内四白落地，悬满大幅拓片，裱得堂皇备至，季先生踌躇满志地陪我转入内室，一大幅汉画像拓片，气概堂堂，横悬中央。拓片拓得温润柔糯，简直有体温可供抚摸，汉人超凡的神思，以及厚敏的刀法，精彩以及漂亮极了。独自于这幅东西跟前，立了久久，汉画像这个物事，实在是华美得至高无上。

季先生引我慢慢转遍全室，屋角还有一幅斗方，季先生的笔墨，写了"不响"二字，写得酣畅活泼，响亮得不得了。随手拍下来，连夜转给不响专家金宇澄，转完有点心事重重，本埠老男人都不响了，光剩下女人们哇啦哇啦，darling，这是什么新时代新局面？

　　坐下来吃饭饭，暖场话题，讲了一会儿钱瘦铁先生，最近断断续续，一直在写钱先生，一边拆醉蟹，一边将钱先生的孙女钱晟小姐告诉我的一个故事分享给诸位饭伴。1950 年，钱先生画的一些抗美援朝红色题材的作品，画得极精，想想也是，当年岁月，红色题材，谁敢随便揭揭？这批精品，近年陆续浮现出世，在藏家和展会上，频频得见。Helen 说，有一幅抗美援朝志愿军运输物资的画作，爷爷在山峦之间，画了一匹骆驼，在驮运物资。这幅画在某展会上出现，策展人告诉 Helen，她翻了很多资料，包括当年的报纸，查到当年的报纸上，确实有报道，志愿军用骆驼运输物资，骆驼比马，更耐饥寒，可见战况之艰辛。钱瘦铁先生不是看了报纸，就是听了广播，得到骆驼细节，画在作品里。留到今天看看，真是有意思的。钱先生这些山水，笔墨上可以追溯到范宽的精神，意思上，却还有很多时代的含情。

　　醉蟹拆完，热菜陆续端上来，海鲜羹，红焖牛肉，等等。虾子大乌参端上来的时候，吓了一跳。平生所见，虾子大乌参都是一条大参袅袅娜娜柔弱无骨地卧于碟子上，季府的红焖宴不是的，是两条大参双双对卧，季先生在我左肩，兔起鹘落，一举布了小半条大参于我碟子里，半辈子食大乌参，以今夜最豪情万丈了。埋头食毕，抬头赞叹，季先生一粲，讲："阿拉湖北阿姨烧的大乌参，还可以哦。"然后跟一句，"我教的"。

当晚伴饭话题由此急转弯，开始讲保姆阿姨，一台子的老男人，讲保姆阿姨，而且讲的还是保姆阿姨里的冷门，讲保姆阿姨的芳名。

季先生指指当晚侍宴的保姆阿姨，说："伊名字取得好，姓吕，叫昭君，吕昭君。"我闻言，一箸大乌参哽在喉咙里，天啊，吕昭君，吕布和王昭君碰头了，貂蝉小姐怎么办呢？太伤感了。就仿佛贾宝玉与崔莺莺碰头了，你叫黛玉宝钗们怎么办呢？季先生继续讲："吕昭君每天给我点眼药水，叫我眼睛睁开来，睁大点，再大点，睁一点点，我怎么点啦？"季先生声情并茂，举座笑得拍大腿。

季先生讲："吕昭君之前，我家的保姆阿姨，叫白丽娜，安徽阿姨，我太太寻来的，我面试的。面试的时候，我问白丽娜，书读过多少？高中毕业了吗？白丽娜结棍，答非所问，回答我一句：未婚。我吓一跳，然后白丽娜再补一句：'我会伊妹儿的。'白丽娜之后，我家的保姆阿姨，分别叫陈至美、叶秋香，最后一个叫储珍珠，我看见储珍珠的简历，开了句玩笑：'那你如果有个妹妹，要叫玛瑙了。'储珍珠不动声色回答我：'我在家小名就叫玛瑙。'"

季先生讲完，书亮接棒，讲他家的保姆阿姨，"启东人，人好得不得了，名字也厉害的，叫郑水芹，水芹退休之后，新来的保姆阿姨不输前任，叫许红莓，多姿多彩，夏家闹猛的"。

最后轮到少俊惆怅："我家的阿姨，欢喜烫衣服的，我衣柜里，很多三宅一生送给我的衣裳，没有商标的，皱巴巴的，阿姨拼命烫，烫来烫去烫不平的，忿然讲，商标也没有的三无产品，质量一天世界。"

吕昭君端上一大盘崇明糕，我已经饱得五体投地，季先生不答应，说："崇明糕侬一定要吃一块的。"一边讲一边在盘子里挑肥拣瘦，捡了一切核桃肉肉最多的，布到我盘子里。我细细食完一切，幸福得浮起两眶清泪。

潮州菜里的古碑与狂草

人在秋边，食事繁忙。一个礼拜里，心潮澎湃吃了两餐潮州饭，于海纳百川的盛世上海。

一餐，雪晓通先生邀食。下午与雪先生听完盛小云、施斌、高博文们的顶级评弹，出了戏园子，脚不点地拔腿奔到金汇路上的潮汕好粥道。前一晚晓通先生在微信上讲，苍蝇馆子，菜好吃。黄昏奔到现场一瞭望，苍蝇是苍得不能再苍了，但是店子里两排明档，一档小菜一档海鲜，观看一眼，就什么也顾不得，只想找座位坐下来恶狠狠吃个遍了。

餐盘粗犷地堆上桌，一眨眼，已经堆得满坑满谷。地道潮州手段，九成九的菜，不过是白水里滚滚，油蒜炒一把，简白得接近零厨艺，吃是吃一个食材的极致鲜甜与正确。冻花蟹、炒麻叶，无不如是。白灼虾沸沸一大盘端上来，晓通先生讲，吃吃吃，多吃点。同桌饭伴们在阔论机器人和上帝谁将主宰下一个世纪，我选择放弃思考脚踏实地伸筷子撺了一粒虾，晓通先生讲：

"多抓点啊，用手啊，抓一把啊。"讲得不像吃虾，像吃瓜子。一盘血蚶美不可言，鲜甜无匹，难得一见，人世间唯有法国小粒生蚝能与之比肩。他家的一煲猪脚极其得道，卤猪脚这种粗生活谁不会做呢？能治成如此珍馐，估计不是凡猪，当场一盘尽、再追一盘。咸鱼白茄子，腥咸奋战白糯，太有戏太性感太无语太儿童不宜。最后一大煲海鲜粥轰隆隆端上来，上帝亦只好黯然靠边站了。他家的单枞茶，好得不得了，蜜兰香、鸭屎香，一香一香掷地有声地泡上桌，darling啊，香得我魂飞魄散。

晓通先生讲给我听，这家小馆子，是上海潮州厨师的家，夜里下了班，这些潮州厨师爱聚在此地，吃茶吃粥吃鹅头，打牌消乏思乡愁，是家园一样的存在。难怪，此地做得一手如此纯正传统的潮州菜，像潮州菜里的古碑，不是苍蝇的苍，是古碑那种黑苍苍的苍，屹立不群，哈利路亚。

另一餐，是晶浦会张宴，回顾晶浦会十五年以来的经典作品，新法潮州菜当家，耳和目，统统是新的。

盐味脆鸡皮配葱油野菌，治得精极。粤菜里有烧猪三层肉，皮脆油润肉香，晶浦会这个碟子，是鸡的三层肉，鸡皮细脆，皮下鸡冻凝润，鸡肉鲜滑。鸡三层远胜猪三层，鸡细，猪粗；鸡灵，猪蠢，四只脚的，总归输给两只脚的，这是无法可想的事情。而顶顶精致，是这个鸡三层极匀净，也就是鸡肉肉，仅取薄薄一层，与鸡皮鸡冻同厚度，口感上便三英俱秀，滑嫩无比。这是"less is more"的杰作，如果鸡肉肉取一厚层，就无趣了。吃鸡吃到这等优雅，嗯嗯，漂亮的。当晚店东施炜先生在我左肩，跟我讲："上海人吃鸡，振鼎鸡是一座高峰，蘸酱油吃的。我们这个鸡，是烫熟之后，用盐卤浸透一夜，盐味入在鸡里面了。"施炜先生上海人，治鸡成精。

法式拼盘里的鹅肝，以清酒治，滋味上品，非常难能可贵。鹅肝这个东西，务必避浊就清，才窈窕。而市面上多见的，多是樱桃味荔枝味的鹅肝，卡通得吃不消。因为满城幼儿园品味，我已久不食鹅肝了，昨晚这个清酒鹅肝，却连进三筷子，赞叹。

龙脆白玉参烩鸡头米，一盅曼妙烩菜，龙脆是鲟龙鱼的脊骨，鸡头米取的苏芡，白玉参宽宽两切，一个盅子，亦秀脆亦滑糯，非常清丽的小姐菜，我喜欢。如今的馆子，都爱做海参菜，都爱取辽参，从前上海人偏爱的大乌参，如今少有人家肯做。用老先生们的话来讲，辽参么，有啥吃头？这个汤菜的白玉参，产自南非，有大乌参的极糯极销魂的口感，而无大乌参的乌苏之色，真巧思以及巧遇也。

甲鱼红汤煮花螺，腰细了，潮州菜里跑出红汤来了，我笑，施炜先生不笑，讲："红汤红得很适意的啊。"一边讲一边布了一勺裙边、两只花螺，并一支竹签在我碟子里。辣煮花螺与冰糖元鱼的融合，是潮州菜里的草根之民跟本帮菜里的皇亲国戚握手言和，统一于长江黄河红汤之内，真真是历尽劫波兄弟在，相逢一笑泯恩仇。潮州菜到了上海人施炜先生手里，变成一幅天才纵横的狂草。比较有意思的是，一勺裙边与两只花螺，先食裙边，还是先食花螺？这个碟子，左肩的施炜先生没有吃，我先坦白，我是先裙边后花螺，右肩的老波头先生是先花螺后裙边。吃完这个碟子，闭目沉思，我深深意识到，我跟老波头先生，是有代沟的。

然后我们吃了很多天花板。

豆豉辣椒炒龙虾，佐酒天花板了。

嫩葱煎雪花牛肉配牛肝菌，雪花牛肉入口即化无以上之，牛肉天花板了。海上名厨 Brian 讲，吃过这个牛肉，其他的牛肉，就是其他的肉了。真是食评精辟天花板。

风干咸肉煮老黄瓜，咸肉切菲薄之片，入口脆香不已，咸肉天花板了。我盯着施炜先生问："这个咸肉肉哪里来的？"施先生讲："安徽农家屋子里淘来的，一共一条肉，做了两桌菜，今晚给你们吃完了。"

最后取炒龙虾的独头蒜，炒了大盆金蒜炒饭奔腾上桌，镬气十足，炒功了得，炒饭天花板了。

饭后甜物，是施炜先生的得意之作，水晶荷花包，端上桌来，真有天女嫣然一散花之叹，华宴尾声，有如此一记棉花拳头当胸一击，darling，我喜欢。

晶浦会的这席新潮州菜，有歌有颂有乌托邦，啊啊啊。

寒蝉当歌　秋意婉转

召寻菊侣　饮酒品蟹

· 秋日的华山路

· 阳光下的复兴西路

· 岳阳路上的骑车女

· 有人荡马路的复兴西路

良家少妇的困与愁

秋日芳菲，玫瑰小姐治局，别抒胸臆，拣了一间川菜馆子。多年不食川菜，欣欣然，愉快赴宴。

明明是吃四川饭饭，第一个拎出来的话题，却依然还是上海闲话，已经被联合国列为濒危语种的上海闲话。

席上 X 先生跟我讲："darling 侬晓得吗？我小时候，60 年代后期，听苏联对中国广播，苏联人不是讲普通话的，是讲上海闲话的。"看我目瞪口呆，X 先生补充道："是真的，我没骗侬。"X 先生，今年七十足岁了。

对面的 Y 先生放下喷香脆烈的辣子鸡，讲："从前上海闲话骂人，不是骂侬浑身肉夹气，是骂侬从头到脚，一股砧炖板味道。"我听了点头不已，赞的，骂人骂得真有灵气，砧炖板比肉夹气硬扎、煞根，骂人骂得威势的。

左肩的 Z 先生讲："侯孝贤拍的电影《海上花》，到底不是上海人，拍出来的上海，破绽蛮多。四马路长三堂子里，红倌人款待客人吃夜粥，侯孝贤的镜头里，是楞大一只碗，楞大一柄杓子，我看了真真厌倒。腰细坍了，上海人苏州人吃粥，无论如何，不会是这么大一个碗的，更何况长三堂子。上海人吃月饼，再小一只月饼，也是要一切四的。北方人吃月饼，再大一只月饼，也是拿起来就啃的。"我听得点头不止，侯孝贤拍拍《悲情城市》蛮好，拍《海上花》么，简直是胡闹。以及，点心点心，最恨吃饱。这种真理，懂得的人，亦不是很多了。

吃过重点大菜酸菜烫象拔蚌，X先生开始钩沉往事："我十七八岁时候，分配到公交公司上班，那时一部巨龙电车上，配备一个司机和两个售票员。售票员多数是女的，中年阿姨，来源是两个，一个来自纺织厂，还有一个来自烟卷厂。纺织厂和烟卷厂，机器代替了人工，劳动力过剩，女工阿姨就被转送到公交公司做售票员。烟卷厂来的阿姨，很厉害，她们从前的工作，台面上都是香烟，她们都有本事，左手一抓就是二十支烟卷，右手包装纸一套，就是一盒烟了。"X先生一边讲一边在手抓法抓法，让我有点神往。"看这些阿姨抽烟也厉害，台面上都是烟，随手拿随时抽。到了夜里，巡夜的工人，打着手电筒在空荡荡的车厢里检查。那个时候，捡到乘客遗落的东西，是很多的，样样都有，公交车极度拥挤，遗落的东西也就多。手表钢笔，常见常有。连小婴儿都有，常常有，找不到失主，小婴儿就转交给福利院，真的。"

讲完沉痛的，店主欢颜推门进来，奉送一道 off menu 的美物，大刀金丝面，极其绵密柔润的龙须面面，浸透在开水白菜兮兮的清汤里，清极隽极，非常优秀。

吃过面面，Y 先生讲往事，良家少妇的困与愁。

"从前，有对夫妻，老公很不是东西，经常在外面寻花问柳。太太贤惠，某日跟老公讲，来来来，阿拉谈谈。侬跟我讲讲，侬老是要到外面寻女人，格么，外面的女人，到底有什么好？跟我，有什么不一样？

"老公讲，有两个不一样。第一个，我到外头寻女人，从来不走门的，走窗的。第二个，我到外头寻女人，我只穿袜子不穿鞋子的，鞋子是拎在手里的，踮着脚走进去的。

"太太听完，心里一安，说：'这个又不难，我也办得到的。好了，明天侬下班，不要回来吃晚饭了，侬自己在外面随便吃点点心算了，等到八点钟，天黑了，侬回来。'

"第二天晚上，老公依言，天黑了才回家。回到家，果然窗开着，老公拎着鞋子，从窗而入，进屋一看，太太穿得单薄，等候着，老公有点感觉的，冲上去做生活。做得差不多了，太太很得意地跟老公讲：'侬看看，今晚如何？像了吗？'

"老公讲，像的像的。

"再过了一歇，老公讲：'不对，不像，我今晚，两只脚没有发抖。'"

南京的餐桌们

秋阳潋滟里，赴南京，食饭饭。江南灶，紫金阁。

第一饭，江南灶，于南京香格里拉酒店内，做东的傅骏先生，与江南灶主厨侯新庆师傅，斟酌了一桌地道淮扬菜，令上海食客们酒酣耳热不能自已。冷碟子摆上桌的时候，满桌子的上海老男人们集体雀跃了一下。傅老师和侯师傅，真是懂得读心术的良人，四只冷碟子，摆了两样老男人们的暗爱：一碟猪头肉，一碟盐水大肠。我左肩的曹国琪先生，心潮澎湃一举连进两枚猪头肉，浓稠欢喜溢于言表。这个碟子确实治得极好，软糯不腻，清腴美满，久违了。再一个碟子，是醉蟹披萨，拆出醉蟹蟹粉，治成披萨 topping，宛如我童年，母亲经常做的虾仁吐司，小孩子的心爱，海派家庭西餐的代表作品，虾仁斩泥，抹在小小菱形的面包片上，沸油里一滚，踮脚立在母亲的灶边，沸火滚烫地吃得十根小手指油滴滴的，真是乡愁一样的美物。侯师傅的这个醉蟹披萨，比虾仁吐司略胜一筹，胜在蟹有香，而虾是没有那个天香的。

三套鸭轰然上桌，鸭子套了麻鸭，麻鸭套了鸽子，耐心微火炖上六个八个钟，得一煲碧清碧清的汤，饮来鲜甜静谧，令人心思清幽，真是好极。金陵人善食鸭，这煲汤，到了苏州人手里，便是异曲同工的三件子五件子。这个汤没有很深的难度，要的是十二分的耐心，守着不起泡的微火，一守六个钟，仿佛枯守一场味如嚼蜡的漫长婚姻，是现代人的 mission impossible，不可能完成的任务。

招牌鱼头佛跳墙，淮扬菜里的三个头，鱼头、猪头、狮子头。鱼头连夜升级，满铺干鲍与辽参，辉煌一大盘。服务生替每位客人整顿了一小盅，递到面前。我留意了一下，右肩的雪晓通先生和傅骏先生，第一箸，都是食的鱼头，我自己亦如此。可见，深入人心的，毋庸置疑，依然是传统的鱼头，锦上添花的鲍与参，都不得不靠后。而这盘鱼头治得好极了，腴润滑嫩，尽显鱼头这种物事的佳美，尽显淮扬菜的剔透精髓。

饭后甜物的枣泥拉糕和鸽蛋圆子，家常甜点心，治得细腻、清妙，出人意表地好，食完抹抹嘴，跟傅骏先生讲，好惊喜。

伴饭话题，五花八门，我笔记都来不及记，拣印象比较深刻的写一个。曹国琪先生阔论了久久的一个话题：究竟是音乐家长寿呢，还是书画家长寿？曹先生报告曹氏心得：肯定是音乐家长寿，理由是一二三四五六七八九。

第二饭，紫金阁，于钟山高尔夫酒店内，主厨陈荣平师傅，摆了一桌淮扬菜，跟江南灶不一样的淮扬菜。上海做淮扬菜的，寥寥几家，难成气候，而南京的淮扬菜，风韵各具，姿色有别，真洋洋大观也。

陈师傅的软兜茶馓汤，滚滚一盅，我一直特别喜欢。这个小小盅子里，软兜鲜糯肥润，茶馓香脆甘美，而汤是浓鱼汤，熬黑鱼取其浓、鲫鱼取其鲜，两鱼滚在一处，鲜得有板有眼。一个盅子，口感丰荣，是非常得人心的欢喜开场白。顺便说一句，淮扬菜里，人人青睐软兜，南京随便一家大小馆子，炒个软兜，都美味得惊心动魄，胜却响油鳝糊无数。陈师傅讲给我听，规规矩矩的炒软兜，两勺半就要出锅，沸火烈焰三十秒而已。

蟹粉拆烩鱼脑，取一块鱼脸颊上的核桃肉，再取鱼头内的一朵鱼云，一共两块肉肉，与蟹粉轻烩，鲜润无匹，得尽淮扬菜的精巧之髓。

菊花豆腐，这个盅子亦是清丽小姐菜，一寸半见方的豆腐，横七十刀竖七十刀，切出菊花，卧于鲜汤内，一朵颤颤菊花，入口即化，阴润极了。我对这盅豆腐赞不绝口，陈师傅小激动，跟我讲："好吃都在汤里，这个汤的功夫太大了，完全是开水白菜的功夫啊。"豆腐是纯素，高汤用足荤功夫，摆上桌面，却是一清见底比素汤还清，这个真是雅丽极了，我喜欢。

　　陈师傅还有一个碟子很绝色，红烧鮰鱼肚，外头鲜见有人做。陈师傅蛮有脾气，家家都做花胶，做得没意思了，他就试试别的。鮰鱼肚胶质丰厚，口感滋润，烹烧如果得法，比花胶有意思多了，堪比一枚八头干鲍。陈师傅看我食得欢洽频频点头，跟我说："上次沈宏非来，也是点名要吃这个碟子，吃完还写到他的榜单里了。你们上海人，都喜欢吃这个。"我食完听完，平静放下刀叉，心头黯黯一个震荡，腰细了，一个不谨慎，竟然跟 Totoro 撞了一肚。

当天花板邂逅天花板

上海滩餐厅的店主朱虹先生，宴请黑木餐厅的店主傅滔滔先生，本埠餐饮两块天花板，喜气洋洋，于锦秋季节，相逢在浦江之滨。这段写得像路透社的白开水通稿。

朱与傅，两个上海人，很整齐地身躯庞大，一点不像传说中的上海人。两块天花板，都不是餐饮业出身，百分百的外行，都是一时兴起，弄家饭店来玩玩，结果玩成了天花板。

朱虹先生从前是做"上海滩"的服装，这个牌子 1994 年创立于香港，邓永锵爵士弄的，2003 年发展到上海，朱虹弄的。滔滔跟朱虹推心置腹，讲："朱先生，我第一次听到'上海滩'，是外国朋友来上海旅游，跟我讲，要买'上海滩'，我听了问她，上海滩，是外滩哪一段？我去寻寻看。后来才知道，'上海滩'是个衣裳品牌。我的外国朋友当时住在花园饭店，她自己出门散步，在马路对面的国泰电影院隔壁，寻到'上海滩'的店了。"滔滔讲："这个是我第一次认得'上海滩'。后来，我在北京宴客，长年定点在北京的'上海滩餐厅'，客人欢喜，我更加欢喜，再也不换地方了。今晚终于见到店东了，赞格。"

朱虹也跟滔滔推心置腹，千言万语并成一句话："滔滔，你来吃几次我的上海滩，我也要去吃几次你的黑木，大家塌皮（扯平）。"我在旁边听得有点出神，天花板邂逅天花板，花拳绣腿，你来我往。

朱虹的上海滩餐厅，上海三间北京一间，开了十一年。傅滔滔的黑木，上海一间南京一间，开了四年。两块天花板，惺惺相惜，互相关心一下对方。朱虹问："格么，挖你员工的事情，多发不多发？"滔滔讲："多发的，我已经习惯了。我们黑木厨房，分工很细，一个人只做一件事情，你挖过去，也没有大用处的。一个小师傅，做了一年多，他妈妈来寻我谈心了：'傅先生，我儿子，在你们黑木，淘米淘了一年了，什么时候可以不淘米了？'我们淘米的师傅只管淘米，切葱的师傅只管切葱。"朱虹眉开眼笑，跟滔滔讲："上海就是戆大多呀，他们以为黑木出来的师傅，就会做黑木的菜了，哪里晓得只会淘米啊。"滔滔不笑，讲："我有时候蛮尴尬的，去上海一些有名的日本馆子吃东西，一进门，三四个工作人员一排立好，朝我一鞠躬：'傅总好。'我呆一呆，一看么，三四个一排，扑扑满，都是从我们黑木挖出来的。"

酒过三巡，换个话题，讲讲北京上海双城记，中国人民永恒的热点话题。滔滔讲："很奇怪的，你叫我讲，为什么不离开上海？我一口气可以讲十条理由给你听。但是，你叫我讲，为什么不离开北京？我一条具体的理由也讲不出来，但是我就是离不开北京。高中毕业，我从上海坐火车去北京读大学，我阿娘（祖母）眼泪汪汪，装了一大瓶八宝辣酱塞给我：'侬要去读书了，这瓶辣酱，侬带去，吃一个学期再回来。'结果么，到了北京，一大瓶辣酱，一日之内，被北京同学一口气吃光了。"滔滔今年已经年过半百，对四十年前的这次大扫荡，依然余痛绵绵。

滔滔讲："我姆妈，一辈子在上海生活，我后来定居北京，接姆妈一起到北京生活，我发觉姆妈一点不开心，变得呆滞滞，坐在屋里，一天比一天老。我想想，还是带姆妈回上海吧。飞机落地上海，车子到徐家汇，姆妈讲，好下车了。我拿姆妈放下车，我拎齐行李下车，一个转身，我姆妈已经不见了，活络得如鱼得水，吓我一跳。"我笑得不行，跟滔滔申请："什么时候让我写写姆妈好不好？"滔滔讲："好好好，写写写。"

然后迎来当晚饭局的高潮，朱虹开始讲 90 年代往事，回忆当年，他带各路中国考察团，赴欧洲考察的爱恨情仇。朱虹讲：

"苦哦，当时我带的考察团去欧洲，中国人什么都不懂的。有一次，我们坐车游览市容，团员们看人家发达国家看得长吁短叹，跟我讲，墨尔本哈嗲。我跟他讲，领导啊，这里是斯德哥尔摩啊，不是墨尔本啊。再一次，带只团，团长参观途中，背着两只小手，语重心长跟我讲，蛮有味道蛮有味道。我心里开心啊，这次总算带了个有水平的团出来了。结果么，这位团长，一句蛮有味道，从头到底，讲了二十八遍。

"中国代表团的举止习惯哦，超出外国人的想象了。坐大巴，中国代表团是一上车，就集体睏觉的，一睏就拿面孔贴到窗玻璃上，二十个人，二十只面孔。等到中国人下车，我看司机忙煞，玻璃窗上都是印子啊，二十只印子啊。一停车，司机就跳下来趁热打铁，拼命擦印子。到了旅馆里，中国代表团是人人把房门打开来的，拿把椅子靠在门上，撑好，他们要串门的。串也就算了，他们是穿着棉毛裤串门的，前面有个小洞洞的棉毛裤，走来走去旁若无人。洗手间也出事情了。清洁工阿姨来收毛巾、换毛巾，一向是收干毛巾的，收到中国代表团，不对了，是湿毛巾，每间房间、每条毛巾，是湿的。他们不是拿毛巾擦干身体，是拿毛巾撩热水洗澡，潽浴，要潽的，要撩的。"朱虹声泪俱下地讲到这里，所有人都搁下了筷子，笑到软。

"中国代表团当年的穿着，吓得煞人。上半天，正经开会，人人穿得一天世界来，我急得汗汤汤滴。下半天去海滩散步，人人穿一身西装来，我又吓得昏过去。问他们为什么穿西装啊？回答我，在海滩上么，肯定要拍照片的，穿西装拍出来好看啊。穿西装也罢了，还撑阳伞，一人一把阳伞撑起来。到了晚上，带他们去晚宴，乃末苦煞了。外国人晚宴，先要立两个钟头，吃吃酒讲讲话谈谈情跳跳舞，一只凳子也没有的。中国代表团立了两个钟头，等来等去，外国人还没有开始给你饭吃，立得腰也断了，饿也饿伤了，下趟无论如何不去了。"

darling，这些，今天我们笑得遍身酸楚的，不过是十几二十年前的往事，历史不远，沧海桑田。

食了上海滩一席华宴，却完全不记得吃了些什么，不是菜肴不精雅，是两块天花板、加一个 Totoro 沈宏非，三个男人一台戏，风头太健、太欢畅了。

外滩夜幕下，唱戏撩人的，都是老男人了。What a wonderful world.

· 豪门当前

食蟹的良夜

　　丰子恺先生写一笔糯米文字、画一笔糯米画，性情气韵，亦是一团糯米。丰先生回忆他的父亲："无事在家，每天吃酒，看书。他不要吃羊、牛、猪肉，而喜欢吃鱼、虾之类。而对于蟹，尤其喜欢。自七八月起直到冬天，父亲平日的晚酌规定吃一只蟹，一碗隔壁豆腐店里买来的开锅热豆腐干。他的晚酌，时间总在黄昏。八仙桌上一盏洋油灯，一把紫砂酒壶，一只盛热豆腐干的碎瓷盖碗，一把水烟筒，一本书，桌子角上一只端坐的老猫，我脑中这印象非常深刻，到现在还可以清楚地浮现出来。我在旁边看，有时他给我一只蟹脚或半块豆腐干。然我喜欢蟹脚。蟹的味道真好。"

　　丰先生这一段文字，清汤一碗阳春面，不徐不疾，漫漫写尽一枚中国男人的良夜，有蟹的良夜。

　　等丰子恺姐弟长大一点，一家人，团团坐于月下，食蟹。

　　"我们都学父亲，剥得很精细，剥出来的肉不是立刻吃的，都积受在蟹斗里，剥完之后，放一点姜醋，拌一拌，就作为下饭的菜，此外没有别的菜了。因为父亲吃菜是很省的，而且他说蟹是至味，吃蟹时混吃别的菜肴，是乏味的。我们也学他，半蟹斗的蟹肉，过两碗饭还有余，就可得父亲的称赞，又可以白口吃下余多的蟹肉，所以大家都勉励节省。现在回想那时候，半条蟹腿肉要过两大口饭，这滋味真好。"

借丰子恺的文字暖场完毕，写蟹宴，晶浦会的蟹宴。

一向对蟹宴不是很有兴致，庸厨们整顿出来的蟹宴，从头至尾，只得一个味道，蟹粉味，近年多了一个秃黄油味，食一席蟹宴，无非是蟹粉的各种盖浇作品，审美相当疲倦。食蟹本是风雅之事，至此就粗恶以及无趣极了。

晶浦会的施炜先生一个月之前，跟我讲，"试试我们的蟹宴"。言下之意，本店作品，不至于落入窠臼。

晶浦会的蟹宴，大闸蟹之外，兼取梭子蟹、松叶蟹、帝皇蟹和青蟹，五种名蟹共襄盛举，巧冶一炉，眼界和思路，骤然开阔，施炜先生手舞足蹈，问我好不好玩。

darling，好玩的，这一夜，食到一席海棠铺绣、梨花飘雪的蟹宴，真有惊艳之叹息，一扫我对蟹宴的冷倦态度。

八道凉菜，极尽巧馔之思。

金橙红膏蟹糊，以当令的金橘，满盛舟山梭子蟹之蟹糊，金玉满堂，秋意浓稠。碟子于桌上缓缓转圈，金橘的香，芬芬飘过，雅不胜雅，让我深为着迷。木樨尽，金橘黄，四季之美，让人心软如麻。而蟹糊通常的溃散，亦得到了解决，小小一口之闷，无限馥郁美味。

蟹粉豆花配黑醋鱼籽，以自制的豆浆压得豆花，配以蟹粉，有日本料理中胡麻豆腐的清甜以及入口即化，而蟹粉与黑醋鱼籽的勾肩搭背，完成一曲娟娟细歌。加之大口香槟杀到，醋畅淋漓，满足之至。施先生讲，灵感来自鸡汤豆花。

蟹肉沙鳗鱼饭，融潮州鱼饭与日本人的押寿司于一体，口感密切，沙鳗与蟹肉，一清一浑，相得益彰，亦与前面两款轻灵之作，跳开饕餮距离，布局十分懂经。

蟹粉姜醋松花蛋，亦是一碟功夫巧馔，完美贡献清凉软滑口感。八个凉碟子，八种口感，滋味丰呈，实在是今年里，见识过的，最佳凉菜阵容，满分之作。

跟着是两道汤品，一清一浓，一弛一张。清汤是冬瓜、帝皇蟹肉、西施舌汤，粉淡衣襟，落落满怀，食一个鲜甜嫩脆不已。浓汤是大闸蟹拆肉、蟹汤、烩鱼翅，浅浅一盏，真如马嘶人起，浓到化不开。施先生在我左肩，讲："汤底是用了110枚大闸蟹的蟹壳吊的，当然不同凡响。"

蟹宴的汤，其实是至难的。蟹是奇鲜之物，汤要如何整顿，才能不寡薄？我家里，自幼食蟹，从来不伴汤，都是薄薄白粥，就是避拙。母亲认为，蟹季里，新米当时，食蟹过后，一碗烫粥，于小孩子，最是驱寒。今夜的两道蟹汤，真真宽阔了我的食趣。

　　热菜上桌之前，我请施先生给我讲了讲今晚伴蟹的醋，施先生选的意大利黑醋，来自意大利摩德纳产区的朱斯蒂家族的醋品，1604 年至今，1926 年成为宫廷用品。今晚的这款，是二十五年的陈物。据说，如此一款醋，陈化过程中，要经历七次转桶，从橡木桶、枫木桶到杜松子桶等等。滴了一些在碟子里，拿手指蘸尝，醋味圆融凝润，酸甜正确，岁月消磨得毫无火气，美不胜收。我从小食蟹，都是在家里，从不去馆子里食大闸蟹，原因之一，是母亲看不上馆子里的姜醋，再好的蟹，没有得体的醋，终究不得其味，不食也罢了。

　　我们讲完醋，热菜迤逦而出。

　　二十五年雕皇清蒸松叶蟹，咸亨雕皇里，布了当归黄芪种种滋补药材，蟹香酒香药香，浓馥馥，而松叶蟹之细甜，真是娇软可喜有姿色。这个碟子，是当晚，唯一一个，我一筷子不足、连食了两筷子的菜品。

　　帝皇蟹拆肉、治蟹饼、配雪花牛肉，碟子里一肉一蟹饼，一抹杏黄色的酱汁，一边食，一边点头，蟹饼好，肉好，最要紧，还是这个酱汁佳美。食完搁下刀叉，请问施先生："是什么酱汁，如此提神点睛？"施先生讲给我听："是芥末醋酱，德国的，芥末里调了三种醋进去，葡萄醋、雪莉醋、酒精醋，所以酸得复杂多层次，转弯抹角婉转多姿，胜过太多平铺直叙的无趣醋味。这个酱，是我去法兰克福，看他们德国人吃猪手，配这个酱汁解腻，看到心里去了。东方巧遇西方，我拿回来，还改良过，过滤掉一部分芥末籽，太辣了，滤掉一部分，口感变得细柔温存，配蟹和肉，刚刚好。"

当晚的配酒亦惊艳，从开局之香槟，至收尾之威士忌，其中一款2013年的汝拉黄酒，醒足24小时之后，入口酷似中国黄酒，而更显轻凛逼人，配伍蟹宴，仿佛神来之笔。一整夜，我右肩的周罡丁雪清伉俪，言笑晏晏，启蒙了我很多饮酒智慧，让我这个酒盲分子，亦能够饮髓知味，一杯一杯再一杯，真良夜也。

春天的无轨电车

年初一

庚子元晨，大年初一，凌晨七点，被电话铃声从被窝窝里叫起来。

谢春彦来电，没办法，要接起来，无法装没听见，因为这个巨大的人才，会不断打，打到你接起来为止。

"妹妹啊，我八十岁了啊。"

"啥稀奇，八十岁么，下趟楼，马路上随便拣拣，一大把。"

"妹妹啊，八十岁么，早上三点就醒了，半夜鸡叫，全世界转了圈子，半圈电话打好了。七点敲过，打到侬这里了。"

"荣幸荣幸。"

"本来么，过年一大堆好白相，老早盘算好了，现在白相不成功了，只好重新立志。"

"嗯嗯，该应的。"

"半年多没临过画啊帖了，乃末好定定心心临临了。上趟非典，没办法野出去，孵了屋里，画了老好一套册页，都是女性的胴体，啧啧。这次么，争取再画两套。"

　　话头一转："前一腔，来了澳门，碰着李昂，哦哟哦哟，这位老太太好白相。我还认得老太太的姐妹，施叔青，认得伊交关年数了。我记得老清楚，1991 年，某报社庆典，施叔青是我请伊来的，我还请了当年上海芭蕾舞团头牌名演员来饭席上跳芭蕾舞，就饭桌子前面一点点地方，跳芭蕾舞哦，上海当时最高水平了。我一边看，一边画速写。腰细了，我一个不当心么，看见伊右边大腿上，丝袜有只小洞洞哦。我一记头心里很难过。一个优秀的艺术家，必备的枪炮子弹，临阵出毛病了，阿要伤心啊？这段，侬有空写一写哦，最好今天就写出来。1991 年的事情，我还记得煞煞清。

　　"再讲那天施叔青，伊那个时候红来，我老想跟伊多讲点话的，结果么，白桦不给我讲，他自己要讲。不过我倒是不生气，白桦讲话有个好处，轻轻地讲，从来不哇啦哇啦。新诗我是关注的，欢喜是不欢喜的，太浅了，没啥意思。白桦的新诗，我欢喜听伊朗诵，唯一一个朗诵起来轻轻声的中国人。我最讨厌慷慨激昂了，最讨厌啊字派了，开口闭口就是啊啊啊，哪能吃得消？

　　"我跟白桦讲：'大哥啊，侬写写诗写写剧本，多少好？做啥老是要去惹政治？侬政治水平这么低，最多高中三年级水平，搞啥搞？'白桦倒是默默地听着，无怨无怒。

　　"从前南京路上有个扬州饭店，我经常去吃，名菜是红烧猪头，提前三天预订，有时候有，有时候没有。这个猪头端上来，扑扑满一大铜盆，摊开一张猪脸，长时间红烧之后，常常是一个痛苦思考的猪头，啊，啊，妹妹啊……现在这家饭店关掉了，这个猪头，上海是肯定吃不到也看不到的了。"

　　这通电话，中间断了三次，断到第四次，春彦没有再打过来，我也没有打过去。

　　疫情当前，我们恐怕，要靠打电话，过一段小日子了。

· 上海牌爷叔

春彦来电

阴丝疙瘩的清晨九点钟，刚刚放下早餐的一小盅炖蛋羹，叮铃当啷接起谢春彦的来电。

"妹妹啊，侬早饭吃过了？上趟侬投诉我年初一一清老早七点钟打电话，今朝我咬紧牙齿硬劲屏牢，屏到九点钟打给你。

"我前两天过八十岁生日，半夜里睏不着，起来画图，画给我自己。一个老头子，背了支毛笔，口袋里塞本速写簿，爬树。侬笑啥笑？杜甫诗句，庭前八月李枣熟，一日上树能千回。我虽然八十岁了，还是想要进步的，要上树的。

"还有一样新的体会，我要跟侬谈一谈的。从前进了干校，我认识到劳动使人进步，劳动可以拿知识分子改造好。现在我衰年变法了，我突然认识到，劳动可以使人变得没有思想，这个是大事体。举例说明给你听。我今朝五点半起来的，一门心思打算写篇文章，写王震坤的，立志今朝要好好写这篇文章的。写了一歇，不当心么，看见桌子旁边一块抹布了，乃末完结了，

春彦来电

我不由自主地拿起抹布，这里擦擦，那里擦擦，不知不觉沦落成最庸俗的上海男人了，通通烟斗，理理窗台旁边乱七八糟的小古董，地板拖拖，弄掉两个钟头，天也亮了，虚度是虚度得来，我老恨的。妹妹，侬看看，阿是劳动使人变得没有思想？不过这个话，不能讲出来，一讲出来么，又有思想了，有思想很麻烦的，侬讲对吗？

"讲到衰年变法么，我想起来齐白石了，人家齐白石就一块石头，侬四块，侬想做什么？侬文章写得好的，我一向欢喜读的，现在侬的文体也很好，像明朝徐文长那个神经病。上趟侬写的《年初一》，写得好的，大家都笑，连我太太，阿拉屋里一丝不苟的'慈禧太后'，也笑了。

"还有，我跟侬讲，好看的女人都比较懒，侬一个人过日子，嫁么嫁不掉，不好太懒，要自己煮点饭吃，晓得吗？我昨日在家里，跟'慈禧太后'合作煮饭，'慈禧太后'负责电饭锅煮饭，我负责煮菜，煮了锅腌笃鲜，咸肉、猪蹄、春笋，还加了把干贝，鲜是鲜得来。再炒只香葱蚕豆，时鲜货。全部弄适意，坐下来吃饭饭了，我累了，吃不动饭了，结果么，吃了杯啤酒，眼睁睁看着白生生胖笃笃的猪蹄，一锅腌笃鲜，啧啧。在厨房里消磨时间，蛮好的，让我又悟出点真理。人的良心不是黑的，是白的，白馒头一样的白。我山东人，侬晓得的。我小时候家庭成分是可以教育好的子女，我觉得我现在是可以教育好的老头子，妹妹啊，侬讲讲看，我这辈子，还有没有可能，不被人家教育呢？我自己可以弄好我自己的啊。

"妹妹啊，我欢喜看女人，顶顶欢喜看女人的细节，侬只看男人不看女人的对吗？我来讲点给你听听好吗？我画图的，看女人的手，最聚精会神了。有次看见个女人，老是把大拇指拳在其他四个手指里面，怪得来。我就等了看伊的大拇指，等了长远，总算等到伊不当心露出来，矮油，果然不灵光，伊的大拇指，指甲只有普通人的一半长短。啧啧，妹妹啊，侬听我的，这种女人，最最难看了。

"格么，侬那个常常要落眼泪的男朋友，最近打过电话给侬吗？没有啊？还好还好，现在只好打电话，不好见面，伊要哭，也只能电话里哭哭，见了面么，要俯在侬肩头哭湿侬衣裳的，还要送出去干洗，事体多来。我当年应该拿侬介绍给陈逸飞的，你们两个人蛮登对的，哦哦哦，侬不要动气，现在么，这个话是不作兴讲的了。

"好了，等到人民币可以用了，我请侬大吃大喝。"

春天的无轨电车

　　惊蛰的黄昏，静悄悄的薄春，暮色汨汨的楼道里，人传人的，是家家户户的腌笃鲜香气，暖老温贫，四季氤氲。电话铃响，春彦来电。蛮好蛮好，不宜出门散步么，电话里开开无轨电车，上下五千年，谈画论诗，从乾隆御制耕织图，讲到红色娘子军，大开大阖，比出门兜圈子辽阔多了。

　　张口暖场，千古不变，春彦当然先从女人讲起。

　　"妹妹哦，裸体画么，我欢喜画的，我跟侬谈一谈我对裸体画的心得。"

　　"嗯嗯。"兄妹们黄昏畅谈裸体画，文艺真的谢谢天复兴了。

　　"妹妹哦，裸体画的最高境界，我认为，应该让男人们看了，就想立起来，发誓捍卫人世的这种美。妹妹侬同意吗？"

　　"同意是同意的，但是我严重缺乏信心的。"

　　春彦发了急："妹妹，我跟侬讲好，这辈子，穿大衣、拉椅子、埋单子，三部曲一条龙，侬统统让我做。我山东人，孔夫子后代，讲究克己复礼，我理解就是 gentleman，古今中外是一样的，我不用读洋书，中国书里早就有的。这件事情，今朝夜里跟侬讲定档了，等歇打好电话，我会直接跟阿拉'慈禧太后'报告的，侬放心。"

无轨电车急转弯，接着讲《红色娘子军》，芭蕾舞样板戏。春彦说："法国人再十三点也没有了，竟然觉得这种芭蕾舞性感迷人，拿去跳法国版。妹妹，有一点我不能同意的，我去过海南岛画素描，我亲眼目睹的，当地女人的腿，哪里是吴琼花那种细长秀腿，当地女人干的是农活，世世代代，生的是粗黑短腿，跟牛腿一样结结实实。哪能到了《红色娘子军》里，就发酸变形了？"

我说："侬恶毒得来，世世代代。"

"讲到牛腿么，妹妹，再讲讲猪好吗？侬晓得，我国历史上，写诗写得最多的是谁？陆游？陆游算多的，不过不是最多的，最多的，侬肯定没想到，是乾隆皇帝。吼吼。乾隆皇帝的诗，多么多煞，稀奇么一点没啥稀奇。皇帝的诗，跟皇帝的字一样，没劲的，统统是习气。不过乾隆有一句写得好的，'夕阳芳草见游猪'，这句好吧？赞吧？皇帝写出这种诗句，啧啧。我以后要画一张乾隆诗意图送给侬。"

我在电话里沉吟良久，闷头想想拿破仑或者叶卡捷琳娜或者路易亨利们，确实难以写出这么一行来，乾隆果然有点意思的。

"讲诗好吗？我年轻时候有个诗友，老姐姐，王伊蔚，不得了的大家闺秀，祖上显赫，名头峥嵘，还是你们复旦第一届新闻系毕业生，30年代就在上海办《女声》杂志的，先驱得吃不消。1949年前，全家人都走出去了，就剩她一个人留在上海，房子么，越住越小，最后住到一间咪咪大的小屋里，屋子很奇怪，又不是方的，又不是圆的，是手枪形的，有个把柄的。老太太一笔画，没话讲了，伊是赤胆忠心地真的喜欢样板戏，画样板戏，开始用国画笔法画，画得不过念头，还画水粉，拿红色娘子军，画得像月份牌。老太太待我好是好得来，1979年平反，有点小钞票了，送我一件白色的确良衬衫，短袖子的，手笔大吗？品味好吗？啧啧。我常常去手枪间看伊，老太太跟我回忆往事，一辈子最怕的事情，是抗日战争的时候，逃难到乡下。妹妹啊，那个时候是没有五七干校的，读书人小姐是从来没下过乡的。老太太讲，一路上，生死倒还算了，顶顶怕，是狗叫。

"老太太还给我介绍结婚对象，是她的诗友的女儿，我们曾经都迷杜甫，一道练习写杜诗，我应该跟侬好好谈一歇杜诗的，不过么，'慈禧太后'来了叫吃夜饭了，叫了一歇了，格么杜诗阿拉明朝谈，今朝先拿结婚对象谈好，最后十分钟哦，太后。

"我那个时候一个人住在徐家汇，石库门房子里的一间亭子间，现在拆掉了，变成港汇广场了，一个月拿43元工钱，在闸北区，恒丰路桥下的一家中学里，教革命文艺课。每个月，到20号，就没钞票用了，顿顿在里弄食堂吃五分钱的饭菜，吃到5号发工钱，工钱一发，迫不及待骑脚踏车，奔出去小饭店里吃盆鱼香肉丝，吃好抱着肚子立了苏州河旁边画素描，苏州河是臭的，我这个知识分子也是臭的。就过的这种日子。老太太给我介绍结婚对象，打只传呼电话，拿我叫到手枪间，跟我讲：'这对母女，大家庭出来的，实在是被抄家抄得精精光，女儿如果不在上海结婚，马上要被赶去乡下插队落户了，春彦啊，侬就跟人家结婚算了。'

　　"某月某日，那对母女，突然就跑到我的亭子间来了，我根本没想到人家会来，呆掉了。妹妹啊，那个女儿，穿了条裙子，到今天我还记得煞煞清，绿色的，妹妹啊，我是画图的人，我一眼看出来，那条裙子，是拿窗帘布改的。"

　　"后来呢？"

　　春彦说："后来么，人家娘，写了首诗给我，我也和了她一首，意思我自己日子也过得有一顿没一顿的，这个事情就算了好不好？"

　　"后来呢？"

　　"没后来了呀，要是有后来么，现在就没'慈禧太后'催我吃夜饭了。"

　　春彦去吃夜饭了，我拿《乱世佳人》翻出来看了一会儿，思嘉丽穷途末路饿得天旋地转的时候，将家里的丝绒窗帘，裁了件豪华美裙，跑去见白瑞德。不同的是，白瑞德完全不需要思嘉丽色诱，早已主动沉沦于美人的碧色双眼以及一尺四寸的绝细腰肢里。

　　一些可歌可泣的千古绝唱，略不小心，我们就亲历了一回。

· 一生相伴是老坦克

花事兴亡

午饭后，春彦来电，兄妹们讲讲电话消消食。

暖场话题：居家沉沉，吃了点什么鲜灵好物？春彦抹抹嘴巴，兴致颇高昂："三菜一汤，统统讲一遍，要讲到明朝了，只讲一菜好吗？眼门前的时鲜货么，是小豌豆，火腿丁炒小豌豆。妹妹，我跟侬讲，我现在比老吉士炒得好了。火腿切丁，比小豌豆大一码的丁。再切笋丁，竹笋不过念头，像春香丫头，没劲，要吃么，还是吃冬笋，格么像杜丽娘了，风姿绰约，青衣味道。再切点茶干，喷香的豆腐干。炒出来，好看得来，我坐下来眼睁睁看了一歇，事体来了，我倒不舍得吃了。转只身，问'慈禧太后'，'侬电饭锅里，白饭烧得哪能了？'太后玉音，讲烧到一半了。我快点端了小豌豆奔过去，倒了一半来电饭锅里，等一歇歇烧出来，喷喷，妹妹啊，春饭满钵啊。"

我正在孤独地卷一叉子酱色混沌的意大利面面，这一来，卷得半途而废，隔着千山万水，欲火焚心。

然后么，问候太后起居安好，春彦讲："太后蛮好，在洗碗。妹妹啊，慈禧么，不是凤，是女龙。"这一句，我深表同意，要是顺着这个话题，一路往下讲，恐怕要讲到男凤去了。如此精致多汁的话题，我也有点不舍得，想想应该留到黄昏去细细讲。

所以拐个弯，讲花事。

清明之前，花事窈窕。春彦讲："家里的日本茶花，粉色的，一点不俗气的粉，慢慢交、慢慢交，悠悠开了一朵，足足花了一个礼拜辰光。我耐着性子，等伊开到七分模样，拿伊剪下来，插了一只晋朝的小古董瓶里，供了我姆妈面前。妹妹啊，活生生一幅宋画工笔啊。"

日语里，茶花称椿，这几个礼拜，晨昏读的闲书，是徐大椿的《医学源流论》，清代名医，难得一笔好文章，能上能下，通透磊落得不得了。椿这个字，如今日常几乎不用，唯一的用处，倒是跟眼前有关，香椿芽，亦是贵价时鲜货。从春彦的宋画一枝椿，想到一碟子香椿炒蛋，心生的感慨是，春和景明，要是没有疫情捣乱，多少好。

接着讲日本人的花，牵牛花，人家不叫牵牛花，叫朝颜。春彦讲："我在齐白石的自传里，看到过一段，1920 年齐白石第一次到梅畹华屋里白相，看见梅府的朝颜，开得有小饭碗那么大，惊艳得不得了。以后梅府缀玉轩，每到朝颜花期，齐白石都要去访花做画，百本牵牛花碗大，三年无梦到梅家。后来我生了心，大约二十年前，去日本，也买了朝颜的种子回来种，开出来的牵牛花，真也有小饭碗大。不过第二年就不行了，要年年买新种子。今年等疫情平静了，妹妹侬去日本带些回来给我。"

梅畹华后来拜了齐白石学画，齐白石常常一身布衣，出入官宦人家，颇遭轻视。惟梅畹华一进门，殷勤执弟子礼，亲为齐白石磨墨，白石写过一诗赞叹不已：

> 记得前朝享太平，
>
> 布衣尊贵动公卿。
>
> 如今沦落长安市，
>
> 幸得梅郎识姓名。

前辈酬唱，民国举止，疫情之余，我又浓一笔淡一笔，细细咀嚼了一遍。

接着讲花事。春彦讲："元旦之前，冒着大雨，跑去花市买花，费千元巨资，买了一株老梅，吩咐花农帮忙运去女儿家里，有院子，栽下安妥。偏偏女儿坚拒，伊讲伊不喜欢梅花，伊定规劝，我没办法，只好再关照花农掉头，运到我屋里来，我屋里又没有院子的，只好摆在六楼的电梯口的走廊里，心痛痛，剪掉一尺多的花枝，开得一楼清香啊。"

我默默想了一下，电梯楼道里的香雪海，宋画里肯定不会有，人生的捉襟见肘，总是低头抬头，防不胜防，动不动尖酸恶毒地枪挑你一下。

问春彦："八十岁了，觉得人生如何？"

春彦脱口答："太快了，人生太快了，娘个冬菜，人生快得来，等我再做几件有腔调的事情，不晓得还来得及来不及？"

再问："一辈子，看见过的、最美的女人，是哪一个？"

我以为这个问题回答起来有难度，想不到春彦毫不犹豫，张口就有。"二十多年前，在老锦江，楼梯上，看见过一个女人，美得，真是这四个字，惊若天人，这一刹那，我开了天眼了，无法形容的美。妹妹，老实跟侬讲，这么美的女人，给我这种俗人享用，我真的不配。"

"格么，再回转去，多看伊几眼？"

"我没有，妹妹，美不可重复，是一刹那的事情。"

听完沉吟良久。很喜欢与暮年的男人谈女人。男人只有到了暮年，才真的懂得了女人的美。

放下电话，看看窗外，上海还在那里，疫情那个幽灵，也还在静安寺附近徘徊。

· 各自做人

白开水

　　礼拜一清早，下楼遇见巨鹿路芳邻金宇澄。春和景明之中的巨鹿路，此时此刻，有一种市民们齐心协力、咬牙切齿、一定要把日子过得酒酣耳热的喧哗。我们两个并肩立在沸腾的小菜场旁边，戴着口罩，异人一样，冷静深沉地畅谈了一歇文字、语感与作家作品。临别，金宇澄叮嘱："叫春彦讲点肉头厚的，侬多写点。"然后分道扬镳，伊去上海作家协会上班，我去银行寻生活费。

　　夜里电话中，将金宇澄的叮嘱殷殷搬给春彦，春彦发了急："肉头厚么，我有一肚皮，妹妹侬又不能写的。"隔着十公里电话线，看得见春彦两眉之间的一团面疙瘩，湿搭搭，浓得化不开。

　　春彦慈悲，担心冷了我的兴致，立刻温柔补嘴："妹妹啊，我愿意做侬的油墩子，四分闲钱、半两粮票一只，随时随地，提供侬点点心、充充饥，我是讲写作，甘当侬写作的油墩子。"

此语一出，我坐立难安。八十岁的油墩子哥哥，这是哪一世修来的福气？

问春彦，这辈子，听过的，最好听的上海话，是谁的？

春彦说："我姆妈的，姆妈讲一口老法上海闲话，钞票叫铜钿格，以前叫顾歇格。妹妹，我跟侬讲，顾歇的语言，不凶，平平和和，跟侬相安无事的，是文的，后来的语言，吃子弹、吃狼奶讲的，是武的。

"我小辰光读小学，家里已经不灵了，住在外婆家，徐家汇附近，顾歇徐家汇么，是结结实实的城乡接合部，肇嘉浜还是臭水浜。下半天三点多钟放学了，背了书包去徐家汇的江北大世界白相，里厢样样有，跟大世界一模一样，就是低端版本的，人人好去白相，不要门票的。里厢卖拳头的，杂耍的，算命的，修收音机的，摆破书摊的，集邮的，磨刀的，背条长凳，一根板凳四条腿，磨快多少锋利嘴，啧啧，每个小人，都可以在里面寻到自己喜欢的东西，贫民的乐园，小人的乐园，天堂一样。我在里面买邮票，刻小图章，看破书，吃零食，好白相得来。铜钿啥地方来？外婆给的早点心铜钿，自己省一点下来，下半天白相用。

"江北大世界里，讲几个人给你听。

"一对白俄人兄弟，顾歇叫罗宋人，长一码大一码，魁梧来，卖万能药水的，拎只皮箱，摊开来，划根自来火烧自己手指头，烧得痛煞，拿手指头浸到万能药水里，哧哧冒白烟，啧啧。罗宋人兄弟问我：'弟弟，侬要不要试试看？'我吓得逃，罗宋人讲不痛的，我会得相信伊吗？顾歇自来火的木棒是很长的，后来变短了，侬年轻，没看见过。

"一个印度人，牵匹母马，马背上，盖了块乡下人的青蓝布，印度人手里拎只小木桶，卖马奶的，侬要，印度人就停下来，斟一桶马奶给你。我心里老作孽那匹母马的，母马的眼神，总归有点眼泪汪汪，我看见了，心里难过来，到现在还戚戚焉。

"还有一个老头，中国人，穿布罩衫。伊是天天看见的，像徐家汇的标志一样，住在大中华橡胶厂隔壁的孝友里。伊是个疯子，对所有人所有事，是一个不变的表情，身后常常是一堆调皮小孩子起哄，伊也面不改色的。据说，伊是大人家出身，留法回来的，欢喜上伊姆妈的一个丫头，弄成了神经病。

"侬讲好听的上海闲话，颜文梁先生么，讲一口苏州上海闲话，伊苏州人，是大长辈，我老师的老师级别的，太老师，沧浪亭隔壁，苏州美术专科学校的创始人。我还没生出来，人家已经名满天下、法国留好学、拿了大奖回来的。伊顾歇住在华亭路对面，我去看伊，不管啥人去看伊，颜先生的习惯，一定是拿侬送到大门口，还要跟侬鞠一躬，自然流畅的一躬，从头到脚，天然的谦恭，鲜奶油一样，侬一辈子不会忘记的。从前的大画家，举手投足，有本事让侬平静下来，这个么，是大师了。现在呢，上海画家比狗还多，颜先生这样的大师么，不会有了。我那个时候年轻，宣纸也买不起，摸出张不晓得谁的名片，请颜先生写几个字，颜先生毫无难色，拿支钢笔，蓝黑墨水，在名片背后，写了四个字给我，美学渊海。我慢点寻出来给侬看。颜先生的眼神，跟江北大世界里，那匹母马的眼神，蛮像的。

"贺友直先生么，讲一口宁波上海闲话，十几岁就到上海来学生意，贺先生对故乡方言的固守能力，简直是叹为观止的，宁波人奇怪，蛮多是这样的。贺先生是彻彻底底从底层奋斗上来的，伊算我老师一辈里的了，但是我打死也不学伊，因为伊的风格实在太伟大了，我绝对不能学。贺先生画得赞吧，伊什么风格？白开水风格，外星人都会喜欢他的风格。样样么事，侬会得厌腻，白开水不会。贺先生最大本事，伊画的，全部是底层人的生活，但是伊画得干净，笔下天生高贵，清气扑面，画地痞流氓，照样干净，照样美。这个跟演戏是一个道理，京戏里的丑角，不但不丑，而且好看煞。"

"是呀，西门庆，多少赞。"

"我顾歇出过主意，请贺先生画过一套《水浒十丑》，妹妹侬赞叹的西门庆，是其中之一。"

"慢慢慢，《水浒十丑》，留了下趟讲。"

回过来讲贺先生，讲伊屋里的宁波菜："绝品啊妹妹。贺先生的太太，姓谢，阿拉谢家门里人，所以我不叫伊师母孃，我叫伊姑奶奶，烧得一手地道宁波菜。贺先生习惯，每日中饭夜饭，要吃酒的，姑奶奶每顿饭，总归要端正靠十只小菜，小碗小碟子，铺铺半台子。咪咪大的、幼儿园程度的小黄鱼，油煎煎，煎得恰如其分，马兰头拌拌香豆腐干，一小碗红烧肉，喷喷。我讲，姑奶奶侬吃力煞了，弄这么多，少弄两样吧。阿拉姑奶奶讲，老头吃老酒，让伊各种味道嗒嗒。这种老法闲话，贴心啊妹妹。贺先生一只谢顶宁波老头，历次革命中的老运动员，吃尽辛苦，就因为讨了阿拉姑奶奶做太太，享了一辈子福。不过红焖牛肉，倒是贺先生自己焖的，是伊秘制，烧好了，拿张宣纸，还是画过的废宣纸，盖在牛肉上，清蒸若干小时。我每礼拜要去贺家陪贺先生吃酒吃饭，贺先生九十多岁了，还会进厨房下碗面给我吃，阿拉两家头，讲讲不二不三的闲话，每礼拜要的。

"侬看贺先生，极土的人，极土的画法，极土的小菜，乃末奇怪了，伊听贝多芬听巴赫的，这是啥境界哦，妹妹，我蛮服帖伊。

"我从前，空下来的辰光，会想想以前的女朋友，对我好的女朋友们；现在我八十岁了，我最想的，是我姆妈。我姆妈九十岁生日，我画了幅画给姆妈祝寿，油灯、绒线，几根绒线针，我姆妈年轻时候，丈夫被抓起来，自己带着孩子们，被发配到山东，一个大小姐，官太太，啥事体也不会做，但是会结绒线，我姆妈就给山东的土干部，结绒线，换粮食，养活我们这些孩子。这幅画上，我诗啊词啊一句都没写，写了十个字献给姆妈：

"妈妈爱我们，我们爱妈妈。"

darling，轻易，不要跟八十岁的男人，谈姆妈，因为你，一定会哭得无法收拾。

栏杆拍遍，大腿拍遍

春彦是个热闹的人，认识伊三十年，伊活蹦乱跳了三十年，如今八十岁了，仍然不太有霭霭长者的意思，照旧热气腾腾、张牙舞爪，即便是眼前这个惆怅不已、裹足难前的抗疫之春，伊还是闹猛，新绿溅溅那种闹猛，每日不跟侬讲足九十分钟电话，团团转，寝食不安。

然而，奇异的是，每日的漫长电话、无轨电车，看似嘻嘻哈哈乐不可支，讲来讲去，讲到深沉处，却一定是兄妹们双双寂寞极了。马滑霜浓、不如休去那种寂寞。从大腿拍遍始，到栏杆拍遍终。

这一来，让我对人生，无法不气馁，真的。

黄昏过后，我拎起电话："今朝煮了什么好饭好菜取悦'慈禧太后'？"

"妹妹啊，今朝么，全副武装，咬咬牙齿，奔到对面小菜场里，买了只老母鸡，回来穷弄，我要么不弄，要弄，总归弄得碧清，炖只鸡汤，弄掉两个钟头。等鸡汤端上来么，我已经吃不动了。太后胃口好，要吃鸡腿，给太后盛到小碗里，太后翻翻白眼，讲：'鸡皮侬吃。'快点再动手去皮，太后安详地吃了一只腿，我仓惶地吃了一张皮。劳心者治人，劳力者治于人。没办法。

"妹妹啊，侬一个人过日子，寂寞吗？寂寞的时候么，可以写写毛笔字，每天写个十分钟就够了，字不是练出来的，就像侬写文章，也不是练出来的，是侬心里有那个东西。

"前一腔，去看一个明清信札展览，明朝人清朝人写的信和便条，琳琅满目，文人墨客，大手笔一房间。最好看的一封信札，是个烟花女子写给客人的，大概是恩爱的客人，长远没来了，女子写封短信去聊表相思，欲言又止，牵丝攀藤，信尾最后一笔，写，二哥哥啊，侬要保重哦。字秀秀，意切切，啧啧，妹妹啊，这种恰如其分的相思，拿毛笔写在宣纸信笺上，嗲是嗲得来。要是有个把这样的女子做女朋友，多少赞。

"索性讲讲写字吧。

"有一年，我被上海电视台捉去西北一个地方，通渭，叫我去给当地一所小学，文庙街小学的小人们，讲堂美术课。这个地方在甘肃定西，1935 年，毛泽东在此地第一次将《七律·长征》读给休整中的长征干部听。隔了一年，毛泽东又亲手写给斯诺，后来斯诺写在《红星照耀中国》里，拿到伦敦出版，乃末名满天下了。"

　　红军不怕远征难，万水千山只等闲。

　　五岭逶迤腾细浪，乌蒙磅礴走泥丸。

　　金沙水拍云崖暖，大渡桥横铁索寒。

　　更喜岷山千里雪，三军过后尽开颜。

　　"就是这首词，上海电视台和通渭当地，一起做了一个碑，竖在文庙街小学里。落成典礼的时候，叫我去给小学生们上堂课。那天一清早从上海过去，一路飞机转大巴，轰隆轰隆，冷得腰细的天气，颠簸到学校，已经是下午一点敲过了。全体小学生，饿着肚子，午饭也没吃，一人一只小板凳，坐在地上，等着。我朝学生们看看，妹妹啊，我哪里是来上课，我是被上了一课。还有，妹妹哦，下面黑压压坐着的小学生们，男男女女，脸孔造型都差不多，跟兵马俑一模一样，方脸，扁面孔，一点点丹凤眼。

　　"这么一个贫困地方，有个风俗，嫁女儿的时候，嫁妆的箱底，一定要有一幅画和一幅字压箱底，字和画，在当地，是刚需，再穷的人家，也要买。于是，这个地方，是我国有名的书画之乡，妹妹侬相信吗？我问当地人，格么一幅画，要多少钱呢？一头毛驴的钱。一头毛驴是多少钱呢？一千块人民币。"

春彦讲到这里，电话两头都默默了千秒，电话里只剩了春彦屋里的戏声，咿咿呀呀，不知哪个名旦在那里曼声唱《霸王别姬》，幽咽凄怆，四面楚歌。

"古人日子过得真真好，我小时候读李白的《静夜思》，床前明月光，疑是地上霜。啧啧，诗里有光的，嗲得来，现在都没了。一个有钞票人，摸出 50 万人民币，请个书法家抄部《金刚经》，书法家抄抄，看看抄掉三分之二了，心里算算，格么，32 万到手了，还有 18 万，歇一歇再抄，跟女朋友打只电话，吃只雪媚娘。这样子抄出来的经，会好看么才叫奇怪了。唐人写经，敦煌抄经，现在想想，那是多少灿烂的福气啊，妹妹。

"妹妹，书法在变，方言也是在变的，上海闲话变得交关快。现在的年轻人，'我'字发得清爽的，不太有了，'我'变成'污'了，我每趟听见，像世界末日一样。

"妹妹啊，九点半，还早了对吗？侬没睏吧？太后啊？太后么，CCTV，蛮好蛮安泰。阿拉再讲讲连环画好吗？80 年代初，总算可以赚点铜钿了，画连环画，我跟戴敦邦两个人，带了一帮年轻人，发疯一样画。每天下班吃好夜饭，大家踏了脚踏车，到徐家汇，一间租的房子，一咪咪大，十个平方绝对没有，一扇窗，最多四只猫洞那么大，搁一块长长的排门板，当画案，搁在两只缸上面，那个缸哦，是腌糖醋大蒜头的缸，气味是气味得来，每个人头顶上吊一只赤膊灯泡，大家日日夜里在一起，画到 11 点打烊回家。画的是浙江人民美术出版社的一大套《封神榜》，这帮小赤佬又不会读《封神榜》的，我要拿《封神榜》故事讲给他们听，拿造型造出来，《封神榜》侬晓得的，什么怪人都有的，还要给每个怪人穿好衣裳，再分配他们画。本事大一点的，勾面孔勾人，本事推板一点的，只好画画台子凳子，分铜钿呢，就依据各人本事来分。我还要负责拿画稿送到杭州去，有修改的地方，我就在杭州住两天，当场改好。乃末，拿了现钞回上海大家分。开心啊，去送稿的路上，已经想好了，拿到铜钿，要叫哪几个朋友、去哪里吃点什么。大庆饭店，一海碗红烧肉，端上来，扑扑满，顶上面，铺满酱蛋。妹妹哦，啥叫风卷残云，侬肯定没看见过，这么一海碗，端上来三分钟，统统没了。还有淮海路上的绿野饭店，我也是经常骑车去吃，一盆鱼香肉丝，三角九分，还有一盆豆瓣鲫鱼，啧啧。有一腔，我常常去复兴公园门口的洁而精，一个人在那里吃，吃多了，每趟就看见一个年轻男人，也在吃，也是一个人吃独桌，比我吃得还要好。我看看伊，伊看看我，我问伊：'侬钞票啥地方来的？'伊讲：'香港每个月寄来的。'我马上看不起人家了，我吃饭铜钿，都是靠自己画图赚得来的，80 年代初，一个月赚 3000 块人民币，妹妹啊，当年我好算阿福哥了。

"妹妹啊，讲到这里么，我有点悲欣交集。丰子恺的老师，李叔同，临死之前，写的这四个字，李叔同年轻时候是纨绔子弟里的战斗机，吃喝嫖赌样样精通，后半生换种日子过过，临死写的这四个字，横平竖直，一点点火气都没，一点点自己都没，我看看么，实在是蛮感动的。"

· 立正了

刀鱼馄饨以及其他

前一晚，与春彦在电话里讲了几句明前滋味，深宵里，讲得我馋心涌动，不能自已。第二日，戴好口罩，跌跌撞撞奔去云和。老板娘扶门相望，一副百年孤独与春风满面各一半的风致，相当窈窕传奇。一向熙熙攘攘的云和，这日清静安详，坐下吃一碗昂贵的刀鱼馄饨。馄饨其实普通，美是美在一碗刀鱼浓汤，白腻天鲜，无与伦比。跟老板娘闲话几句，云和舍得落足刀鱼炖浓汤，非老半斋可比，等等。

"住在古老的京城里，吃不到包含历史的精炼的或颓废的点心，是一个很大的缺陷。"

周作人著名的幽怨，充满了寻欢不得的老男人，难以排遣的满腹落寞。而点心名之以颓废，也真真神来之笔。像奶油泡芙这种点心，就有点过分的欢天喜地，油墩子太凄苦，粢毛团太茁壮，宋美龄爱惜的桂花赤豆松糕，秀秀一砖，格么颓废亦有精致亦够，果然隽永。

今晚讲讲男人寻欢，反正夜未央，日正长，疫情还没走。

春彦讲："张岱写两句西湖雪景，赞是赞格，千古绝唱是千古绝唱格，就是看上去么，伊是动足脑筋、用足力气了写出来的，有点没劲，侬讲是不是？"

"湖上影子，惟长堤一痕、湖心亭一点，与余舟一芥、舟中人两三粒而已。"

我听了笑个不止，老男人难弄，古人一点点用力过度，一点点炼字炼过头，就被嫌鄙得七窍生烟，横不好竖不好，几乎十恶不赦，真真难服侍。

春彦意犹未尽，拿"两三粒"拎出来，重点批斗了五分钟，五分钟以后，张岱已经在电话里粉身碎骨，从一代文豪，沦落成了万世奸雄。低头想想，数点梅花万古春，那种境界，是难的。

"妹妹，侬人么，不好好寻个嫁嫁，养只猫，我跟侬讲，养猫的人，都是对社会失望的人，对人生有意见的人。侬同意吗？"

我同意的。于是跟春彦讲："我想再等等，等科技更加昌明了，直接嫁个机器人一了百了。"

"妹妹，上趟讲《封神榜》连环画，这趟讲讲《红楼梦》好吗？阿拉国家的红学专家，多得潮泛，周汝昌先生么，我一直蛮佩服，学问好，胡适之先生的学生，没话讲。不过弄到后来么，周先生也有点噱，我有点吃不消，研究《红楼梦》变得像讲鬼故事。周先生吃饱了，欢喜去琉璃厂晃晃，那天一出门，周先生就讲，今朝好像要撞大运，要发达，要有啥花头经。结果荡法荡法，来了一只小地摊上，看见一只图章，老不寻常的，拿起来一看，刻了怡红快绿四个字。乃末，周先生开心了，七弄八弄，最后被伊考证出来，这是贾宝玉的私章。妹妹噱吧？有一年，很早以前了，开全国第一届红学研讨会，大佬云集，我也去了。一开会，秘书长先宣布，这次会议上，周先生将要公布一项崭新的红学研究成果。我老激动的，等了听。等到最后一日，周先生出来了，像压台大戏一样，来公布新成果。伊撑了根拐杖，另一只手，捏了一份旧报纸，北平30年代的小报，蓝色油墨印的，《北平旅游报》，上头一张模模糊糊的低清照片，周先生讲，侬看侬看，这张照片，拍的就是明珠的宰相府啊，前头一摊干涸的水，这个就是大观园啊，终于被我考证出来了。我当时还年轻，听了，失望得不是一眼眼，搞啥百页结，一张发黄的小报，考证出大观园来了，这不是讲鬼故事么？《红楼梦》研讨，变成福尔摩斯侦探小说了，妹妹，我有点想不落。

"再讲讲三毛的爸爸、张乐平先生好吗？张先生蛮天才的，世界级的漫画大师傅，叶浅予先生是我老师，张乐平先生么，排排辈分，是我师叔。后来么，台湾有个女作家，疯疯癫癫的陈平，自家起个笔名，叫三毛，名气大来，跑到上海，一路跑到张先生屋里，要认张先生做过房爷，叫张先生夫妻，叫爸爸妈妈，住也住了张先生家里。张先生这个时候已经是晚年了，天上落下来一个过房女儿，开心得不得了。张先生手头不宽裕的，还是拿出铜钿，给过房女儿做了一套中山装，四只口袋的，的确良的，煞煞挺。"

我听得笑："的确良，呵呵，穿了身上像穿了一身蛇皮，或者蛇皮袋。"

"妹妹侬笑啥笑，当年的确良么，是无上光荣的好东西。

"那天黄昏，我拎了两只烤鸡、两瓶绍兴酒，踏了脚踏车，去张先生屋里，陪张先生吃酒，碰着陈平，穿了一身中山装，一道坐下来吃小老酒。陈平讲：'爸爸妈妈待我真好，做新衣裳给我。'那天刚巧我去了裱画店弯了弯，带回来一卷画。陈平吃吃酒，拿画拿出来看，看了蛮欢喜，拣了三张，要买。我讲：'送给你，不可以卖的。侬是我师叔的心肝宝贝，侬看中我几张画，我要是收侬铜钿么，我变王八蛋了。'

"陈平死那天，我记得很清楚，落小雪，张先生打只电话给我，讲：'侬来一趟，陈平的亲爷，从台北打电话来，讲陈平死了。'我马上踏脚踏车奔到张先生屋里。一进门，张先生屋里，真的像死了人，冰冰冷。张先生年纪大了，遇了这种事变，过房女儿，自己拿根丝袜吊吊死，哪能吃得消？张先生控制不住自己的感情，蛮作孽。那个时候，我还在报纸做记者，想写这条特大新闻。我跟张先生讲：'张先生侬讲两句好吗？'张先生讲：'我讲不出。'我想了一歇：'张先生，格么，侬写两个字好吗？'张先生讲：'我写不出。要么侬先写，侬写了，我抄侬的。'我铺铺纸，写了四个字，'痛哉平儿'。张先生手抖抖，抄写了一遍，写得蛮苍凉，一个字有一只拳头大。这幅字，张先生写好，我拿了去，登了报纸头版上。

"妹妹啊，三毛这个人，聪明是聪明的，就是一面孔苦，一面孔薄。

"腰细垮了，明明讲寻欢的，哪能无轨电车、讲到死去活来了呢？"

听到这里，我也心凉，不免起身，去厨房重新泡了杯碧螺春。明前滋味，碧清碧清，风骨是真的好。

礼拜三，谈男人

礼拜三，我一直是比较偏爱的。一礼拜七日，惟礼拜三读起来，轻巧爽口，日子过起来，风轻云淡举重若轻。宛如一笔文人字，寡欲，清静，满纸斯文。这种东西，如今是难寻的了。礼拜三之前的礼拜二，基本上，是个沉郁的日子。满腹心事出门，东奔西走，回家的晚餐，必要吃一碗壮肉，才补得回来。

礼拜三，清晨，与春彦讲电话。

"妹妹侬起来了吗？起来一歇了？昨日么，我画了幅画，一个裸体妇人，膝盖旁边，舒舒服服靠了只猫，后头背景画了交关花，春天。题的几个字，二月三月，狸奴共花愁。庚子二月，春彦破闷。"

我听了微笑，闷煞哉。

春彦小小惆怅地讲："画得不太好，纸不好，是张皮纸，不够化，慢点寻张好一点的纸，重新画。我欢喜敏感的好纸，化得糯，化得松。画起来困难，但是有趣。妹妹，这句，是马雅可夫斯基讲的。我画案上，四只铜鎏金的小老虎，东汉的，古人拿来压席子的席镇，我拿来压画纸，变镇纸了。妹妹啊，我八十岁了，要是我明朝不在了，这些贴身陪了我长远的小东西，哪能办？

"除了画图，一日里厢，最要紧的事情么，还是厨房里团团转，为'慈禧太后'烧汤烧菜，我用足力气调了花头烧，但是'慈禧太后'还是不开心，伊面孔上一丝笑容都没的。其实阿拉太后吃得还算满意的，但是伊就是不笑的。妹妹，我跟侬讲，权，就是不笑。特朗普算得滑稽了，但是侬看伊笑吗？伊不笑的。

"妹妹侬呢？昨日又野出去吃夜饭了？吃宁波菜？啧啧，侬馋是馋得来。"

跟春彦讲了一歇前一晚的宁波菜，清蒸带鱼如何入口即化，芋艿油渣羹如何香滑。春彦不太要听，急切切直奔主题："妹妹侬口罩戴了？护目镜戴不戴？护目镜不戴的对吗？格么，侬马路上，看见灵光男人了吗？像样的男人一个也没看见对吗？吼吼，我今朝就想跟侬讲讲男人，什么是灵光男人，什么是有腔调的男人。"

至此，暖场完毕，直落主题。手边的碧螺春，已经吃过三开了，我们的日子过得如此悠扬如牧歌，礼拜三像足礼拜三。

"妹妹，我跟侬讲，检验男人的标准，只有两个，一个，男人对待女人的态度；另一个，男人对待钞票的态度。我这辈子，见识过的真男人，不多，两个。一个是我老师，叶浅予先生，另一个，小我四岁的陈逸飞。这两个人，也是近一百年来，中国画家里，画女人画得最赞的两个画家，不是他们技巧好，是他们真的懂女人，真的欢喜女人。

"列宁讲过的，如果世界上没有女人，就没有母亲，也就没有诗人。列宁还讲过一句，'要保卫妇女儿童'。这句么，从前三八妇女节，马路上到处挂出来的。"

我年轻过度，没有见过这条标语，有点兴致盎然："呵呵，格么，这一句，全中国男人都晓得的了？"

春彦快嘴答："我爷大概不晓得。"

"我老师，叶浅予先生，漂亮，挺括，像男人，真正的美男子。叶浅予的女儿叶明明，出版过一本叶浅予先生的照相簿，收集了叶先生一生各个时期的照片，赞啊，等疫情过去，我定规要翻出来给侬看。

"叶先生廿岁出头一眼眼，从故乡桐庐跑到上海来，会白相啊，天才啊，弄摄影，画漫画，办杂志，连中国第一支女子时装模特儿队，都是我老师搞出来的，穿了旗袍，在现在的中百一店，走台。20 世纪二三十年代，那个时期的上海，真是东方巴黎，人才荟萃，群星璀璨，是我最欢喜的一个片段。其他不讲，妹妹离侬不远的南昌路，那个时候叫环龙路，这么一条小马路上，前前后后，住了多少人物，林风眠、徐志摩、陆小曼、傅雷、赵丹、叶露茜、黄宗英，还有每个时期都是革命文人的郭沫若，郭先生当年住在南昌路，还穿双日本木拖鞋，拎只篮子，去小菜场买菜。伊另外一个形象，是左面胸口插支钢笔，右面腰里别把手枪的北伐标准照。

"叶先生那个圈子，除了叶先生，还有张乐平、华君武、丁聪，还有无锡三兄弟张光宇、张美宇、张正宇，张美宇后来改名曹涵美。就是画过《金瓶梅》的曹涵美。这票人，统统年纪轻轻，统统没留过洋，统统没有读过大学，一出手，不得了，统统是世界水平，一下子跟世界平级，可以跟外国人打相打。这种辉煌，后来再也没有出现过了。叶先生那时候画的漫画，精彩啊，日日在报纸上连载，里厢三笔两笔画个舞女，妖是妖得来。他的漫画不是给小人看的，是给大人看的。我小时候，第一次看见叶先生的漫画，是在南京，还没读小学，叶先生的漫画里，人的嘴巴旁边，吐出只大泡泡，泡泡里厢，写几句话，我印象最深的，是'马特皮'三个字。那个时候的上海滩，多少老百姓，天天就等了看叶先生报纸上的连载漫画。阿拉老师，英国打扮，多少登样，西装短裤，下面羊毛长袜，三接头皮鞋，腔调啊。那个时候，最优秀的女人，都是以嫁给知识分子为荣的。修到人间才子妇，不辞清瘦似梅花。男人挺括，女人娇嗲。

"我第一次看见我老师，是1977年，方成带我和戴敦邦，去看叶先生。

"我老师，在秦城监狱里关着，没有报纸、没有收音机、没有时间、没有日夜、没有人跟侬讲话，大约摸三年关下来，乃末完结了，我老师讲，伊失去语言能力了，不会讲话了。这样子下去，要闯祸的。我老师就开始在肚子里写长篇小说，没纸没笔，只好来了肚子里写，写啥呢？写解放初期去京郊土改的故事。写好了，自己读出来，靠这个，维持住了语言能力。

"叶先生是硬派男人，天生高贵，伊那种高贵，表现在脾气上，硬，倔，拳得不是一眼眼。'文革'后，北京房产部门给叶先生落实政策，发还他房子居住，房产头头讲，'叶浅予侬拿两张画来，格么，快点给侬解决房子'。我老师理都不理，不给就是不给。房子啊，妹妹，有几个知识分子做得到？但是我老师待我们学生很好，开口就问：'小谢，侬画要吗？'拎起笔就画。叶先生的成就，一是漫画，二是速写，三是舞蹈人物，看见过的人，个个叫结棍结棍，辣手辣手，画得狠，画得赞极了。"春彦讲到此处，电话里简直是咬牙切齿。"那日在老师家里，叶先生拎起笔来，画了张朝鲜族女子跳长鼓舞，叶先生讲，'小谢给你'。我没响，我晓得，第一张，总归手生一点，等了看老师画第二张。第二张哦，哦哟妹妹啊，我老师画得好啊，画个藏族女人，背影，刚刚起步要跳舞，那个半步之间，一个刹那，静中起动，风雷乍起之前的片刻含蓄，赞啊。叶先生画好，我跟

我老师讲：'叶先生，我阿好要这张？'

"叶先生活了八十八岁，一辈子四个女人。第一个，罗氏罗彩云，家里父母定的亲，是他们桐庐地方上的名门闺秀。第二个么，梁白波，也是画漫画的，1937年，叶先生组的画家队伍，去武汉，张乐平、丁聪、梁白波，都在一起。到了武汉不久，梁白波喜欢了一个空军飞行员，跟叶先生分开了。那个时候，开飞机的，都是人之精华，吃香得不得了。第三个么，是戴爱莲了，舞蹈家，1949年以后，叶先生是中国美术家协会副主席，太太戴爱莲是中央芭蕾舞团第一任团长。

"戴爱莲，我的第三任师母，伊是广东人，华侨，几代客居海外，不会讲中国话，在英国跳舞，人长得小小的，一张经典的广东面孔。1940年，戴爱莲去找宋庆龄，这个小姑娘讲：'我也要抗日，我也要拿枪。'这些，都是戴奶奶后来自己亲口讲给我听的。宋庆龄跟伊讲，侬么，枪就不要拿了，侬跳舞，募捐，拿钱出来买药买枪炮弹药，就是抗日了。叶先生去香港，帮戴爱莲设计舞台、设计表演，他们就认识了。叶先生大戴爱莲十岁，夫妻之间讲英文的。叶先生从前读过盐务学堂，会一点点英文。那个时期，叶先生画过一套《香港蒙难记》，水墨漫画。然后两个人就回内地抗日来了。赵清阁讲给我听过，'在重庆的时候，你老师那个人啊，宠戴爱莲宠得不得了，亲自煮饭给戴爱莲吃'。妹妹，我学我老师学到家，现在我烧饭给'慈禧太后'吃，也是秉承师范。赵清阁讲：'那个时候的重庆，玻璃丝袜贵得吓死人，我们都是一双一双咬咬牙齿买，你老师是一打一打买给戴爱莲。'妹妹啊，没有丝袜，就没有美人，叶先生这么宝贝戴爱莲，惟真英雄，才会深情。像《霸王别姬》，那是男人里的极致，女人里的极致，统统推到峰顶了，雄性与雌性的顶级交锋，千古绝唱，性感无比，狠啊。

"1946 年，美国政府邀请七个中国杰出人才，访问美国一年，有冯友兰，有华罗庚，还有叶浅予和戴爱莲，叶先生那个时期画了一套《天堂记》，里厢画外国女人，活龙活现，画得好啊。

"到了 1951 年，戴爱莲跟我老师讲，'我不爱侬了，阿拉分手吧'。妹妹啊，戴爱莲伊是外国人啊，讲不爱就不爱了，我老师拿伊没办法。他们夫妻十年，就这样结束了。

"第四个，王人美。叶浅予是个强人，王人美也是个强人，两个强人，碰了一道了。

"我在我老师家里，看过我老师收藏的齐白石。某年某月某一天，我坐了老师家里，听到外面敲门，一边敲一边叫，'龙头，龙头'，叶先生外号叫龙头，我过去开门，来的客人是位老明星，女的，进来就跟叶先生发嗲，'我要看侬格齐白石'。格么拿出来看，一套明信片大小的虫，四张，水墨虫，画得精极了，看得我眼睛出血。一张蚊子，一张蝼蛄，一张蟑螂，还有一张我忘记了。那张蚊子哦，真的是蚊子原大，画上还题字，大意是：客途保定，寄居客栈里，寂寞凄清来。蚊帐上一只蚊子，挥之不去，蚊子蚊子，侬来陪我，我岂能无情？云云。当时好像是保定一个官家，家里小妾想学画，官招齐白石去教画。叶先生讲，这套小东西，是 50 年代逛琉璃厂，12 块钱地摊上买来的，后来香港拍卖，16 万被张宗宪买去了。

"叶先生家里齐白石不少，老明星看法看法，朝了叶先生嗲过去，'我要'。

"妹妹啊，齐白石也，我家里的齐白石，我不舍得的，侬借去挂两天，我肯的，侬卷回去，我不行的。我老师结棍，眼睛一闭，'侬拿去'。齐白石哦。

"还有我老师台子上一块芝麻石，叶先生有很多石头，不是买来的，统统是伊拣来的。我跟我老师一道去水滩边拣过石头，好石头统统是伊拣起来的，眼光不得了。好了，那块芝麻石，有一把手那么大，我老师在香溪拣来的，那个老明星又开口讨，叶先生眼睛再一闭，'侬拿去'。我心里火是火得来，侬长得再好看，也不能这么开口讨东西。妹妹啊，我到侬屋里白相，好开口讲：'妹妹，侬只猫给我好吗？'

"我老师，是真男人吧？

"叶先生画舞蹈人物，最初也是因为陪戴爱莲去康定采风，叶先生开始画的。他笔下的女人，一扫中国仕女画几千年的积习，中国画里的女人第一次有了健康的美。从前的仕女画，女人终究是男人的玩物，到了叶浅予这里，终于有了革命。这个么，是真正的文化革命。叶先生曾经受史迪威将军的邀请，到第三战场的印度，他在印度画了很多印度女人，侬看看那些画，不是画印度舞女的漂亮，而是画出了女人内心的尊贵与典雅，极品啊，妹妹。"

至于另一个真男人陈逸飞么，春彦倒是一气呵成，在礼拜三清晨跟我讲完了，分两口气写，下次写陈逸飞。

暮冬日子 芳华歇息

应时惠果 鲜翠宛然

· 冬日的康平路

· 记忆中的长乐路

· 康平路高安路口

· 冬日的黑石公寓

夕阳下的复兴西路

鲁迅的太太，也是穿旗袍的

礼拜六，倒春寒。窗外一城冻雨，落得抽抽噎噎。上午十点半，左手一抱猫，右手一抱热水袋，跟春彦讲电话。

"妹妹侬起来了？睏得好吗？我么，老规矩，早上四点钟起来了，房间里摸黑兜一圈，打算再回去睏只回笼觉的。转过画案，看见画纸么，算了，还是不去睏了，画图吧，今朝等歇有人来买画。画了一个多钟头，没啥味道，画了幅《达摩读经图》，商品画。图画好，团团转，没事体做，格么还是到厨房间去，炖了一锅子罗宋汤。汤炖好，天亮了，'慈禧太后'也醒了。

"妹妹啊，侬写了我几篇文章了？七八篇了？等疫情过去了，我好好交请侬吃顿饭。一顿不够？格么十顿。或者最高待遇，跟太后平级，四菜一汤，我烧给侬吃，妹妹侬看哪能？"

"不敢当，跟太后平级，天下大乱了。"

"妹妹啊，太后日日如此，人间最高待遇，四菜一汤，但是伊还是不笑。

"上趟侬文章里，写的叶浅予先生的舞蹈人物，都是他晚年的作品，不是他最好的，叶先生画舞蹈人物，画得最好的时期，就是他跟戴爱莲要好的那个十年，画得真好啊，精彩啊。妹妹我跟侬讲，一个男人，欢喜女人，待女人好，肯定是会有好处的，一个精彩的男人，一定要有好女人才对。对女人的态度不正确的男人，鸡鸡苟苟的男人，用发蜡的男人，侬统统要当心。叶先生晚年，最后一任太太王人美故世了，叶先生一直想跟戴奶奶复婚，戴奶奶么，一直没答应，到死也没答应。当时我们做学生的，都蛮着急。有天我胆子大大，去问叶先生：'叶先生，侬跟戴奶奶谈没谈过啊？'叶先生讲谈过了。我再问叶先生：'侬英文谈的中文谈的？'叶先生讲英文谈的。我急煞了：'叶先生侬英文够不够好啊，谈清楚没有啊？'叶先生朝我翻白眼。妹妹侬想想，一个八十多岁的老男人，对女人这种爱，挺括啊。

"戴奶奶活着的时候，住在老虎桥那里的友谊公寓，我去伊府上白相，看见伊钢琴上摆了一尊小铜像，戴奶奶欢喜的那个捷克雕塑家的胸像，人家捷克人，有家庭的，没办法。钢琴上面的墙壁上，挂着叶先生的画。妹妹啊，这三个人，是上帝弄出来的一笔糊涂账，这辈子，是弄不清楚的了。

"妹妹，侬的文章比从前写得好，从前侬就欢喜写侬自家腐朽的生活，不是吃就是喝，不是看戏就是泡博物馆。侬侬侬，千关照万关照，叫侬不要野出去，侬就是不听话，歇歇跑出去吃饭饭。妹妹侬的文章，我来了想，要寻个人来读读，读得死样怪气，慢吞吞，格么灵光了。

"还有，妹妹侬上趟的上趟，讲侬准备寻个机器人嫁嫁，我想来想去，这是令全中国男人蒙羞的一句话，我交关痛心，夜里眠也眠不着。

"讲陈逸飞好吗？

"陈逸飞小我四岁，真男人，做人派头十足，舍得用铜钿，肯帮人忙，对钞票、对人，态度都正确，蛮难得。'文革'当中，大家都穷，四十几块工钱，只够半个月开销，用到廿号，差不多都没饭吃了，发工钱，要到下个月五号。有次吴冠中、黄永玉从北京来上海，寻陈逸飞。有朋自远方来，陈逸飞总归要想办法请朋友吃顿饭，没钞票也要请。哪能办呢？陈逸飞挖空心思，去外白渡桥下面的上海大厦，他认识那里的一个老男人，也是喜欢画图的男人，叫鲍格里，长得像个小老太太。他去问鲍格里买上海大厦的内部就餐券，一个人，两角五分一张，好吃一顿饭一只套餐。妹妹啊，那还是在'文革'期间，外面什么东西都是计划供应的，陈逸飞动足脑筋，请朋友吃顿饭。侬想想，这么大一个上海，为啥吴冠中、黄永玉不去寻别人，要寻陈逸飞呢？陈逸飞当年也不过就是一个年轻人。因为陈逸飞心里有朋友，寻伊，寻对人。我还听陈逸飞的同学跟我讲过，有趟陈逸飞来跟伊借铜钿，借两块钱，做啥？请朋友吃饭。他就是这种上海男人，借钱也要请朋友吃顿像样的饭，有腔调。我看见过家财亿贯的知识分子，一辈子一毛不拔，假装没看见，蛮服帖伊，好假装一辈子，从来不付账，从来不舍得请客吃饭，比瘪三还瘪三，真的。

"有一年，玛勃洛画廊给陈逸飞在纽约曼哈顿开一个画展，那是陈逸飞艺术生涯中，蛮重要的一次画展，查尔斯王子、基辛格，还有很多好看的精致女人，冠盖云集。他把我从上海请过去，飞机票都是他买的。我到了那里，放眼看看，问伊：'侬不是有很多老同学，都在纽约画画吗？侬哪能不请他们来呢？'陈逸飞用诚恳的眼光看了我一歇，高度聪明地回答：'请他们来，做啥呢？'我听了服帖，是呀，请他们来，做啥呢？陈逸飞的那种剔透，那种拎得清，那种世事洞明，上海人里厢的上海人啊。

"陈逸飞做事体，蛮有章法，那么重要的画展，陈逸飞有多少大事小事要忙，有多少客人要应酬，伊还拿我摆在心上，特为安排了草婴先生的千金盛姗姗来照顾我。盛小姐也是画家，也是圈内人，陈逸飞跟伊讲：'春彦就交给你了，画展在曼哈顿，春彦住在法拉盛，侬结束了，帮我拿春彦送回去酒店里。'

"结果么，画展开幕，盛小姐热气腾腾周旋于客人之间，我看了看，查尔斯王子买了陈逸飞四张素描，红点子贴好了，我心里蛮为朋友高兴，一高兴么，独自跑出去吃了根香烟，香烟吃好回转来，盛小姐不看见了，上上下下寻一遍，没寻着，格么，我就自家立到马路上寻出租车。我一个老山东，英文讲得哈七搭八的，居然也跟司机讲明白了，拿我顺利送到了法拉盛喜来登酒店，我们几个朋友跑去喜来登对面吃大饼油条豆腐浆，嘻嘻哈哈蛮开心。等我回到酒店房间里，腰细了，闯祸了，我才晓得，陈逸飞已经急疯掉了，他在全纽约寻我，以为我走落掉了。陈逸飞讲话，从来不讲粗话的，最多最多，我们兄弟私下讲话，讲到册那两个字是到头了。结果那天晚上，他朝着盛小姐，嚓嚓嚓嚓，三个字四个字五个字，朝着个女人，统统骂出来了。妹妹啊，我这个老山东，老早满十八岁了，陈逸飞还拿我照顾得这样周到，拿朋友当桩事情。那个，是 1999 年的事情，弹指二十二年了，妹妹。

"1991 年，陈逸飞的《浔阳遗韵》在香港佳士得拍卖，拍了 137 万港币，是当时的天价，名副其实的黄金屏，一夜之间，陈逸飞名满天下。一般的人做事情，都是做前面的事，后面的事忘记做，想不起来做。陈逸飞不是一般人。拍卖结束，伊买了无数的爱马仕丝巾，跑到佳士得拍卖行里，给拍卖行里的工作小姐们，发牌发香烟一样，一人一条爱马仕发过去，小姐们欢声笑语，一句一句恭喜陈先生，我至今言犹在耳，蛮服帖陈逸飞。妹妹，慷慨，是每个人都负担得起的，坐出租车，侬多给两块钱谢谢司机聊表寸心，绝对不会弄得侬破产的。慷慨的第一要素，肯定不是有钱，是侬心里有那个东西在那里，跟侬写文章，是一桩事体。

"陈逸飞画得好啊，那些旗袍女人，画得活，画得嗲，举手投足，一副柔骨，从头娇媚到脚，光头十足，像上海女人。不是他技巧好，而是他真的欢喜女人，待女人好。抄袭他的人么，实在太多了，侬看看，抄得像吗？别人画出来的旗袍女人，不二不三，僵在那里，一点不像上海女人，一点不上台面。还常常分寸无度，弄得风尘兮兮，乃末腰细垮了。陈逸飞画这些东西的时期，热衷于买旧衣裳，寻老裁缝，做老式衣裳，味道好来。妹妹，皇帝要穿上龙袍么，像皇帝了，上海女人要穿身旗袍，格么像上海女人了。再家常，也要一身旗袍。侬看看，鲁迅先生的太太，也是穿旗袍的，贺友直先生画的拿摩温，也是穿旗袍的，没有短打就出来见人做事情的。陈逸飞画的这些女人，啧啧，丝绸旗袍，柔腻，阴滑，顶顶高级的东方性感，包得密不透风，照样叫侬春心荡漾立也立不牢要寻堵墙壁或者肩膀扶扶。赞啊妹妹，陈逸飞是真的懂女人。海派海派，到了伊手里么，荒腔走板暂时结束，真的被伊白相得像个海派的腔调了。

"从前陈逸飞常常到我屋里来闲坐，有趟看看我墙壁，跟我讲：'侬这里挂幅油画蛮好。'我没响。第二趟，伊又讲了：'春彦啊，侬这里挂幅油画蛮好。'我还是没响。我是不忍心接他的嘴，妹妹侬晓得，陈逸飞是日日忙得飞起来的人，我哪能好意思叫伊画图给我？我哪能好贪朋友的小？第三趟，伊又讲了，乃末我接嘴了，我跟伊讲：'侬实在要画给我么，我也没办法了。不过，我有个要求的。这幅画，从第一笔到最后一笔，统统要侬自己画的。'妹妹，从文艺复兴三巨头开始，列祖列宗的大艺术家，由徒弟学生帮忙打稿画样，是一贯如此没啥稀奇的。陈逸飞回答我：'这还要侬关照啊？'

"过了一腔，陈逸飞来接我去看画，画基本上画好了，调子很温润，江南水乡，一只脚划船，划船的，是个男人的背影。我虽然自己是男人，但是我最不要看见男人了，跟陈逸飞讲：'侬阿好改成女人划船？'陈逸飞翻我白眼，讲：'侬烦死了。'改成女人了。

"这幅画，现在挂了我屋里，半夜里，我常常头朝左边转过去，看看这幅画，想想陈逸飞。伊么，走掉了，我么，手里捏了伊的物事，心里讲不出的味道。妹妹啊，人家讲，男人之间是没有友谊的，我想想，我跟陈逸飞，男人之间还是有友谊的。这种东西，可以算是友谊了吧？

"这幅画，这些年里，五次没有么，三次肯定有，来个阔人看上了，吵了闹了一定要买了去，当场要数给我一千万现钞，我不太肯的。妹妹啊，我吃饭铜钿是有的，洗脚铜钿也有的，你再给我一千万，我还是一个富裕中农，我要侬做啥呢？

"以前有个赤佬，名字不讲了，从美术学堂里毕业，来寻陈逸飞，要陈逸飞帮他寻工作，陈逸飞当了事体来忙，忙了上头忙下头，拿伊弄到好地方去了。过了几年，我在一个研讨会上碰到这个赤佬，他跟人家讲：'陈逸飞又不会画的，他画的都是商品画，我跟陈逸飞一起画，我饶伊一只手，随便你讲，左手还是右手。'猖狂得来。我心里火是火得来，侬只赤佬，侬怎么能够忘记人家的一饭之恩？连侬这个人，都是件商品。

"陈逸飞故世，他的遗孀，拿他生前的西装皮鞋，送给朋友，这个无可厚非。让我难过的是，那个拿了陈逸飞西装皮鞋的男人，跟我讲：'春彦啊，这个是陈逸飞穿过的皮鞋，我穿了，走在马路上，踏几下，响亮啊。'妹妹，这种寿棺材，我难过来。"

四月，上海客厅的艳遇记忆

四月，艾略特在《荒原》里写的，四月，是残忍的月。

> 四月是残忍的季节，
>
> 从死了的土地滋生丁香，
>
> 混杂着回忆和欲望，
>
> 让春雨挑动着呆钝的根。

四月一日，礼拜三清晨，似醒非醒，于枕上抓本劳伦斯·布洛克翻翻。此人的书，我差不多看到了《红楼梦》《金瓶梅》的地步，随时拿起来，随便翻到哪一节，皆能有滋有味看下去。伴书的早点心么，一碗绝嫩绝清的碧螺春，一枚老大昌奶油泡芙。唱机里呜咽缭绕的，是查特·贝克的欺世呻吟，我是如此容易坠入情网，嗯嗯，啊啊。这个浪子，唱得跟真的一样。吃得十指沾满鲜奶油的高潮时刻，春彦电话，如残忍的四月，不期而至。

"妹妹侬起来了？我么，今朝的汤，已经炖好了，炖了只怪汤。"

我弄干净手指，放下劳伦斯·布洛克，恭听春彦的怪力乱神。

"汤么，是牛尾咸菜豆腐汤，妹妹侬不要笑，怪是怪一点，不过么，毕加索碰着城隍庙，蛮好白相的。开头是一点咸肉，跟牛尾一道炖，我想想么，咸肉可以带了牛尾的味道，一道跑出来，然后看看还有一点豆腐，摆进去一道炖吧，格么炖豆腐么，落一点咸菜是不会错的，弄法弄法，弄成这样了。

"一边炖汤，一边么，想起来，多年以前，70 年代中期吧，我请张乐平先生，在顺昌路复兴路附近，一只转弯角子上，有家居民食堂兮兮的路边摊，吃夜饭，老冷的天。妹妹啊，从前不像现在，没有路边摊的。吃的是咸肉豆腐，一块壮得像肥皂一样的咸肉，炖豆腐，一角五分，好物事啊；再来一碗黄酒，也是一角五分。一共三毛钱，我请三毛的爸爸，吃了顿三毛钱的夜饭。黄酒么，是盛了饭碗里的，三毛爸爸吃得蛮开心，自家的黄酒吃光了，看看我碗里动也没动，跟我讲：'格么，阿要我帮帮忙？'我马上拿酒饭碗端到三毛爸爸面前。吃酒我不来赛的，妹妹侬晓得我的。

"妹妹，暖场我好多讲两句吗？我讲讲早上去对面超市买小菜的艳遇好吗？

　　"早上全副武装，冲到超市，买点小豌豆，买点香梨，都是太后欢喜吃的，还买了点长豇豆，夜里我打算爆豇豆给太后吃。排队付铜钿，前头一个人在付，我按照市政府关照的，排了离开伊一公尺，后头一个女人朝我叫：'侬排得太远了，侬靠上去一眼呀。'哇啦哇啦，凶得来，还骂我山门。我回头看看伊，白削削的面孔，眼睛是三角的，难看得来，我一点不欢喜。冷静地跟伊讲，'夫人，侬骂人不对的'。伊听了，索性破口大骂起来了。妹妹，我想想，关了屋里足足两个月，推板点的人，是要神经失常的。买好小菜回来，我想想，有点不开心，今朝的艳遇么，是厌遇，厌恶的厌。

　　"干脆讲艳遇好吗？妹妹侬有兴趣吗？

　　"从前，我在闸北区的一间中学教书，学生统统是江北小人，我教革命文艺，现在是没有这门课了，当时有两个老师教，我教画图，哪能写美术字；另外一个老师教唱歌。有一天，工宣队拿我叫了去，跟我讲，教唱歌的老师出事体了，伊上班挤公共汽车，肋骨挤断了，骨折了，要长远不能上班了，领导关照我，唱歌课，也是侬教。从此以后，我还要弹风琴，教小江北唱歌。这些还算了，我还要跟了这帮学生去拉练，拉练妹妹侬懂吗？就是走长路，去农村劳动，摆了现在么，叫远足以及农家乐。分配给我的工作，是烧饭，负责三顿饭。格么，每天天不亮，四五点钟，我就要起来，在农民的灶头上，烧早饭给学生们吃。有一天，我来了灶头上烧，灶头间有一扇窗，最多拳头那么大了，透过小窗，看见外头躲了两个学生，初中生，一男一女，两个小江北，在谈恋爱。哦哟妹妹啊，我听了歇壁脚，一口江北话，好听是好听得来，我一辈子，再也没有听见过这么好听的江北话。妹妹啊，《红楼梦》里，林黛玉从小是在扬州长大的，我想想，伊要么讲一口扬州话，要么讲一口京片子，恐怕还是扬州话的可能性大一点，今朝这两个小江北，简直是红楼梦显灵了，让我听见了林黛玉式的江北话，如闻仙乐耳暂明，赞啊。一生一次的艳遇，我八十岁了，还记得煞清。

"妹妹，跟侬讲讲我老师，俞云阶俞老师，俞老师的太太朱怀新朱老师，他们住在太原路 56 弄里，当年法租界的黄金地带。俞老师在这间屋里不得了，教过太多的学生，现在上海整整一代的油画家，统统是'文革'年间，俞老师在这间屋里教出来的，陈逸飞、夏葆元、邱瑞敏、魏景山、方世聪，无一例外，俞老师是一代人的恩师。

"伊是天才，十几岁，去考苏州美专，校长颜文梁先生一看见伊，马上破格录取。后来俞老师去考中央大学美术系，徐悲鸿看见伊，吓了一跳，又破格录取伊。在中央大学，俞老师和朱老师是同学，画得好啊。1948 年，俞老师的名作《吾土吾民》横空出世，好是好得来。1953 年，伊画了一幅《小先生，教妈妈识字》，到了 1956 年，偶然被苏联专家马克西莫夫看见，点名要伊到北京，成为马克西莫夫油画班上的学生，全上海就他一个人参加了这个马训班。马克西莫夫是应中国政府邀请，来北京帮助中国油画发展的，开一个班，每个省只有一个名额，进京学画。回过来讲俞老师。俞老师毫无疑问，是当时画得最好的油画家。1949 年以后，最初那个阶段，上海所有的宣传画，一半以上是俞老师一个人画的。作孽的是，俞老师一歇歇，变成右派了，还是上海美术界最大一只右派，扫弄堂了。不过实在是因为伊技术过硬，还是叫他在学校里教学生。我记忆里，去俞老师屋里，俞老师永远只有一个动作，左手香烟右手油画笔，伊永远在画画，极其、极其的勤奋。

　　"俞老师的太太朱老师，松江人，画得好啊。伊父亲是民国的铁路工程师，朱老师小时候，跟了父母，走过不少地方。后来在重庆中央大学，跟俞老师是同学，徐悲鸿、傅抱石、吕思百、黄君璧，是他们的老师。俞老师屋里，一间客厅，一间卧室，客厅墙上，一面挂着一幅徐悲鸿送给俞老师的字，勇猛精进，写得好，隶书底子硬扎。另外一面墙上，挂着一幅徐悲鸿送给俞老师朱老师的结婚纪念画，画了两只猫，《双猫图》，两只谈恋爱的猫，妩媚是妩媚得来，男猫在舔女猫，女猫等了伊来舔，温情脉脉。妹妹啊，猫谈恋爱其实蛮触气的，到处叫，还要打相打，不太讨人欢喜的，但是徐悲鸿这幅画得好，难得看见伊画猫，比伊的马，画得还要好。徐悲鸿画马，很严正，伊画猫，软下来，乃末有奇趣了。

"俞老师屋里墙壁上，还有两幅画，是朱老师的画，画得好是好得来。一幅，一点点大，画一枝广玉兰，插在花瓶里，花容婉转，味道足。另外一幅，画的俞老师朱老师屋里养的猫，养得跟侬一样，胖笃笃，滚壮滚壮。俞老师屋里有只塑料凳子，红色的，还有靠背的，那只猫就窝在塑料凳子上，画得极好极好，我记得朱老师画了好几个月，一幅小小的画。我后来一直想跟朱老师讲，请朱老师照式照样画一幅猫给我，我出铜钿买，实在讲不出口，朱老师是我老师，学生哪能跟老师讲这种话？没敢。但是那幅猫，我是真欢喜，真服帖。

"'文革'时，俞老师工钱大幅度减少了，一个月三十多块钱，还有三个孩子要养活。铜钿不多，但是俞老师大画家的派头还是在，吃香烟，从来是好香烟，常常中华牌，蹩脚香烟不吃的，从来不做人家省钞票。俞老师在家里，还是一副大画家派头，大豪佬一样，拿朱老师差来差去，虽然伊一出房门，就是扫弄堂的右派。朱老师从来没怨言，一声不响做家务事体，做好家务，拿起画笔画图，那种幸福，啧啧。朱老师在学校里，还要被造反派逼着写交代，我们画油画，一支油画笔，一直要拿张旧报纸不断地擦擦，我有次看见朱老师，拿本笔记簿撕开来，拿里面的废纸擦油画笔，我捡起来看看，原来里面写的是朱老师的交代。妹妹啊，从前传统的知识女性，多少温良，我一直觉得朱老师，跟我姆妈一样，她们也确实同年岁。俞老师朱老师，到老，头发不掉的，两人都是满头白发。

"我们一帮年轻学生，背后叫俞老师'俞老头'，其实俞老师那个时候，不过中年。我们学生还欢喜学俞老师的一口常州话，'侬看这个暗部，不可以用粉的'。意思是暗部，不能调粉进去，一粉么，就不暗了。我后来看朱德群的画，他的暗部就调了粉，就不舒服，伊没做过俞老师学生，伊不懂。俞老师教我们看光线，指着一根拉线开关，跟我们讲，侬看格电线，颜色上头下头是不一样的。

"我第一次碰见陈逸飞，就是在俞老师家里，有一次，也是在俞老师屋里，来了个年轻人，背只褪了色的黄军包，小平头，眼睛煞亮，有点凶相格，从黄军包里，摸出来他画的长城素描。画在粗得像草纸一样的纸上，画得蛮好蛮灵，这个年轻人，蛮厉害。俞老师朱老师，在'文革'年间，为上海，保存了油画的种子，教养了整整一代油画家。妹妹啊，我的青春，就是如此消磨在俞老师朱老师家的客厅里的，踏部脚踏车，不是在俞老师家的客厅里，就是在去俞老师家的路上。

"'文革'初期，俞老师叫女儿俞歌，卷了十来幅画，俞老师自己的代表作，送到我家里，叫我帮忙藏起来，里面有《吾土吾民》，有俞老师在马克西莫夫班上画的代表作《女裸体》。

我不舍得俞老师的画一直卷着，要弄坏的，就胆子大一记，拿画放开来，钉在门背后。俞老师的毕生杰作，就这样，在我的斗室里，钉了长远。

"'文革'结束，我拿这批画去还给俞老师，俞歌送画来的时候，还有一顶帽子，法国贝雷帽，黑色的，叫我一道藏起来。我去还画的时候么，连帽子一起还给俞老师。俞老师讲：'春彦，这顶帽子么，送给侬了。'妹妹啊，我想想，倒蛮有意思，'文革'结束了，俞老师送我一顶黑帽子。

"这批画，俞老师一生的代表作品，俞老师故世以后，俞家子女，全部捐给中华艺术宫了。

"后来有一年，我去巴黎白相，小马路上荡荡，腰细了，妹妹啊，巴黎哪能这么像太原路？我有点恍惚。马路很狭很窄，迎面走过来一个中年女郎，法国女人，朝我略略谦让，嫣然一笑，擦肩而过。哦哟，老有味道的。我拉身边朋友，跟伊讲：'侬看侬看，哪能巴黎女人这么有教养？'朋友看了一眼女郎的背影，跟我讲：'春彦啊，那个，是娼啊。'"

一笑是生涯

春彦得了些明前的白茶，时鲜货，刻不容缓地叫了闪送，替我送了来。伴茶的，还送了幅陈逸飞的小画来。一枚中年男，捧着女子的脸，卷发葱茏，欲吻未吻的刹那，寥寥几笔，满腹中年盛情，和盘托出。默默盯着看了几眼，把 Freddy Fender 的《虚度的白日虚度的夜》翻出来，单曲循环了一个黄昏。darling，中年有幸，虚度于爱情内外，是何等甘美之事？轻飘飘的半辈子，于是，乱山攒拥，流水铿然，多少好？

与身边的老年男人们相处，常常有个困惑，你该拿伊当老人呢，还是当男人？当伊是老人呢，该应我照顾人家。拿伊当男人呢，反过来，该应让人家照顾我。这种分寸，门内门外，拿捏起来，比高考难得多了。拿伊当老人呢，有时候，颇伤害人家的男人自尊心。拿伊当男人呢，有时候，又嫌不够尊老爱幼。进退之间，两头都是一笔难字。跟春彦来往，倒是少有此等困苦，人家虽然八十岁了，依然活蹦乱跳，如一枚敏捷壮男，该挺身时挺身，该操心时操心，候分克数，件件精准。这几日，春彦蓦然哑了嗓子，一点点声音发不出，连手机都被太后没收。春彦一边静养，一边默默给太后炖鸡汤，一边还记得闪送明前白茶以及陈逸飞给我。这样心思周全老而弥坚的男人，darling，不是每天遇得到的。

隔日清晨，泡碗明前白茶，翻翻《老残游记》。上个月手边放了册《二十年目睹之怪现状》，衬着疫情的阴气戾气，翻到后来，真觉得满世界妖魔蜂拥而至，要活不下去了的苦。还是老残好，飘然一身，跑去济南访泉，家家垂柳，户户清泉，听听白妞黑妞唱曲，于大街上买一匹茧绸，再买一件大呢马褂面子，拿回寓去，叫个成衣匠做一身棉袍子马褂，预备着西北风一起，就有棉的穿。觉得游兴已足，拿了串铃，到街上去混混。偶尔走过路过，替官家的爱妾，诊个喉蛾，药到病除，轻易弄得满城皆知，端然成了一方名医。闲来坐在旅舍里，翻翻宋刻版的《庄子》，如此稀世之宝，到了老残嘴里，不过先人留下来的几本破书，卖又不值钱，随便带在行箧，解解闷儿，当小说书看罢了，何足挂齿。老残的派头，真真大透。旧派的书写，这些闲笔，笔笔送到，一一圆润饱满，拿来过明前白茶，一个绝清，一个绝浓，人间绝配。想想这辈子做了中国人，下辈子还是要做中国人。

夜饭后，春彦来电话，讲讲四菜一汤，讲讲明前滋味茶叶刀鱼，慢慢讲到我前一日献给他的书，今年新出的《关于中年的千言万语》："妹妹啊，昨日夜里，我睏了床上，看了两个钟头，结果么，看得我，一点点革命意志都没了，跟着咬牙切齿痛骂一句，侬这个资产阶级小姐。"春彦的独门特长，是各个历史阶段的语言，古今中外，在伊口中，跳来跳去，焕发得，赛过一枚鼓上蚤。从龚自珍跳到陀思妥耶夫斯基，从《山乡巨变》跳到《离骚》，偶尔跳得太远太快，我要请伊停停停。慢慢再讲了几位故人，清明么，应节话题，可惜可叹，只是当时已惘然。

暖场暖了三刻钟，归到正题，春彦讲："妹妹啊，今朝我屋里，春天潮泛了。

"天气好，太后讲，三个月没拿退休工钿了，叫我去趟银行。我全副武装出街去银行，跑到银行门口，腰细了，今朝放假，银行关门，工钿一分没拿到，有点挖塞。回家路上，路过花店，进去张张，不得了，芍药上市了。快点快点，我顶欢喜芍药了，买了交关抱回去，比抱了退休工钿还开心。妹妹啊，芍药赞，层层叠叠，芳华婉转，比牡丹漂亮多了，牡丹我看来看去没啥看头，像纸做出来的，太假了，没劲。白居易写过牡丹多少好话，我一句听不进去，杨贵妃像牡丹花？不晓得是真是假，要是真的，格是难看煞了。每年花季，那么两三个月，我屋里，芍药是不断的。

"到了家里，松江的好友耿伯鸣，送了一大捧紫藤来，伊真不小气，真舍得剪，老大一捧，我快点寻了只元朝花瓶出来，插了满捧紫藤，花蕊肥肥垂下来，富态极了。紫藤这个花，有点像樱花，花期短得一个喘息就过去了。上海么，每年4月10日前后，是紫藤开得最盛的那几天。我是年年要弄个紫藤花会呼朋唤友的。记得有一年紫藤花会，是去淮海路社科院里，看两棵紫藤开，看了花，吃饭，扑扑满，坐了三桌人。我吃了碗面，叫大家吃饭，不要等我。我带了一只宋朝的砚台，一块明朝的墨，一瓶茅台，拿茅台磨墨，给一人一幅，画画，开心得不得了。今年么，完结，疫情这个妖怪来了，花也看不成功了。

"过了歇，又有朋友送一箱子蔬菜来，顺带送了一捧花，也是芍药。我剪了几枝，拿只祭红花瓶，插好了，摆到太后卧房，太后床头边夜壶箱上，小悠悠一瓶，怕花太大，太后睏不好。但是，妹妹啊，太后还是不笑。

"我从前有个老师，画花鸟的，岭南画派在上海的第一圣手，黄幻吾先生。黄老师是广东人，住在威海路石门路，四如春点心店那里，红色的外国房子，过着极精致的日子，家里钢琴皮沙发，应有尽有，钢琴上一幅肖像，画得极精，眼睛骨碌骨碌，金丝边眼镜，嚓嚓两笔。黄老师自己长得像只鸟，瘦、矮、小，非常严正的一个人，头发永远梳得纹丝不乱，真真一丝不苟。我小时候跟黄老师学国画，常常陪老师吃饭，黄老师吃饭，舒舒齐齐，唯美得不得了，这种食相，现在无论如何是看不到了。"

　　剪灯深夜语，门掩梨花。人世间，许多美。

· 独坐幽篁里

上海饮食的皱漏透瘦

晚晴独好的春宵，春彦与太后吃过四菜一汤常规夜饭，定定心心饮过饭后一碗清茶，春宵余兴，自然是打打电话，开开无轨电车。

第一站，细细密密，询问我最近两日的饮食行踪。

"妹妹啊，千关照万关照，关照侬疫情期间不要野出去，侬一歇歇又不在屋里了，又野出去吃饭饭了，还专门欢喜跟坏人一道吃饭饭，侬侬侬。格么，这两天，吃到点什么好吃的？"

跟春彦讲，前日夜里，与曹景行夫妇、曹臻千金、晓刚哥哥，去聪菜馆吃的，聪哥安排的，有三只小菜，蛮好吃。一只兰州九年百合，就这样剥剥开，一瓣一瓣，生吃，清甜滋润，入口无渣，滋味介于荸荠和甘蔗之间。忙碌一日、讲了无穷废话之后，饭桌上慢慢食来，倒是真有一种静谧之美。再一碗蒲菜，白灼了来，本色天香，脆嫩鲜甜，好吃来。旁边一碗绝嫩的时鲜货，炒紫红米苋，本来么，亦是春日顶级佳蔬，跟这碗白灼蒲菜一比，乃末完结了。蒲菜，我孤陋寡闻，还是头一次吃到。聪哥讲，蒲菜入宴，有两千年历史，《周礼》上就有记载，如今淮扬菜里，也是常见的。"春彦在电话里哼哼哼："妹妹侬到底是吃古董呢，还是吃蔬菜？"跟春彦讲，蒲菜像水芹菜的天安门版本，比水芹菜更肥嫩，更过瘾，只是没有水芹菜的香气，倒是比水芹菜更高明一筹，好吃的。那晚吃的另一碗佳肴，是酱油白米虾，指甲盖那么一点点大的虾子，饱满甜嫩，粒粒肌肉丰盈。聪哥讲，取的崇明淡水与咸水交界处的虾子，难怪挺拔得出类拔萃。这三碗菜，都简简单单，轻秀仙灵，没有穷凶极恶，聪哥蛮懂经。我是一向偏爱清眸丰颊的饭菜，不喜狼烟滚滚的碟子。

春彦听完叹叹气："吃过的好饭，跟看见过的漂亮女人一样，不太会忘记的。"于漫长疫期里，春彦想得牵肠挂肚的，还是苏州太监弄里，新聚丰的那碟子糟熘塘片，我们两个，于无轨电车里，跟帕瓦罗蒂唱《今夜无人入眠》一般，一句递一句，一唱和一唱，甜言蜜语，共同温习了一遍。一条手掌大的塘鳢鱼，片出六块肉肉来，沸火滑炒，端上来浅浅一碟子，入口即化，美若天仙，至味。

"妹妹啊，现在上海好吃的馆子，不大寻得到了。一根黄瓜，硬劲弄得妖形怪状，就像拿个美女，硬劲弄成小脚女人，一点黄瓜的味道都没了，他们还得意洋洋，觉得自己有手段有本事，骗骗洋盘们，反正现在市面上洋盘不缺，新洋盘旧洋盘，外滩武康路，潮潮泛泛。有一趟，上海滩到处私房菜，我去吃吃，吓一跳，腰细了，这个不是私房菜，是野鸡菜，风尘兮兮，只只菜，做出一副用足心思勾引侬的腔调，吃得我胃气痛。

"妹妹啊，有一年，我去德国白相，吃饱了，坐了草地上，看看草，晒晒太阳，到处是美女，穿得少来，天堂一样，我快点画速写。过了一歇，来了三四个年轻美女，漂亮得来，坐了草地上，我眼睛来不及看，哈嗲哈嗲。想不到，她们开始吃德国猪脚爪了。哦哟哦哟，妹妹啊，我心里一痛，盎格鲁-撒克逊人，真真野蛮人。

"第二站，还是讲讲吃好吗？

"我年轻时候，常常跟了林放、谢蔚明这些老先生们吃饭饭，这帮老头子，都是中国新闻史上响当当的人物，两袖清风，没啥铜钿。清贫归清贫，饭还是经常吃的，而且吃得温柔敦厚，没有穷相。他们聚在一起吃饭么，都是吃老正兴之类的老馆子，本帮馆子，吃点红烧河鳗、红烧蹄髈、响油鳝丝、八宝辣酱，老老实实的菜，一边舀一调羹八宝辣酱，一边钩沉点血淋淋的历史，味道蛮好。吃好饭吃好酒，他们都是劈硬柴的，几角几分都劈清爽的。我那个时候年轻，抢了讲，我来付账好吗？老头子们讲：'做啥侬付？轮不到侬付。劈硬柴我们劈惯的，从民国劈到共和国，侬跟了劈就好了。'这帮老头子，菜钱饭钱，是劈硬柴的，黄酒不劈的，黄酒是每个人自己买自己的酒，有的人吃两斤，有的人吃半斤，自己付自己的酒账。

"贺友直先生屋里的宁波小菜，好吃得拍大腿，难难般般，贺先生也会跟我两个人跑出去吃馆子。我讲我来付账，贺先生朝我翻白眼：'轮得到侬付账？'伊摸出一只钱包来，塞满钞票，厚是厚得来，像中年妇女的丰臀，我看看至少有三四千块人民币。妹妹侬不要笑，贺先生自己讲的：'我画女人画得最好的，是中年妇女。'贺先生活着的时候，每天睏好中觉，下半天要从巨鹿路家里走出来，去淮海路兜个圈子，伊是只看不买的，重点是看中年妇女。贺先生讲：'年轻小姑娘有什么看头？我不要看的。'我反对，跟贺先生讲：'贺老师，我喜欢看的。'贺先生跟我讲：'春彦，侬欢喜女人，我画把扇子给你，侬过两天来拿。'我心里蛮开心，过了几天，奔到贺先生屋里，一看，扇子画好了，贺先生真的画了女人，十几个女人，咸肉庄上的女人，咸肉庄妹妹侬懂吗？呵呵，当中还有一个老鸨。贺先生㗐吗？大热天，我拿把肉气腾腾的扇子，招摇得来。

"从前有种通讯录，塑料封面的，妹妹侬记得吗？贺先生买了一本回来，黑色的，伊不是用来记名字电话的，伊记稿费的。插图：1.50元；插图：4.50元。有一日，贺先生跟我讲：'春彦春彦，我、我、我三位数了。'我那个时候，安排港台收藏家，买贺先生的画，统统讲好了，请贺先生画点商品画，赚点钱。

贺先生就是不画，伊讲：'我是画小人书的。'过了多少年，贺先生有一日跟我讲：'春彦春彦，我讲件事体给侬听听。''啥事体？''春彦，我五位数了。'我听了，心里想，五位数啥稀奇？我一个上半天弄得不好就六位数了。妹妹啊，贺先生就是这样的人，这种老先生，走一个，少一个了。

　　"妹妹，我还欢喜一个老先生，也走了，成都的车辐车大爷。他是20世纪三四十年代的四川文人，《华西晚报》蛮活跃，二流堂那些人，个个跟伊要好。车家祖上有铜钿，吃得讲究，人好白相。不少知识分子，去了成都，都要去寻伊，跟了伊吃川菜。我每次去成都，两个人一定要去望望：一个车辐，一个流沙河。有次去看车辐，碰巧魏鹤龄的太太也在，车大爷讲：'春彦，今天带你们去吃过街菜。'啥叫过街菜，妹妹侬懂吗？过街菜，就是一条街上，一家一家吃过去，每家只吃他一碗看家菜。那天跟了车大爷上街，哦哟哦哟，饭馆老板，看见车大爷带了客人来吃，开心啊，'车大爷来了，今日吃啥子？'这家吃碗麻婆豆腐，那家吃碗白果鸡汤，汤里只有两样东西，白果和鸡，碧清碧清，蛮性感。再换一家，吃炒大肠，川帮炒法，跟上海不一样，吃了七八家，最后是吃一碗面。车大爷胃口奇好，动作利落，走路快，一阵风，人么，长得像个猫头鹰，鼻子很挺，一生一世穿件风衣，黄渣渣的颜色，不那么干净，也不那么邋遢，从来不换的，还戴顶红色贝雷帽，开口就是老子请你们吃饭，做人做得开心。

"有一年在上海，我坐了出租车，去美领馆参加个什么活动，出租车一边开，我一边望野眼，看见个猫头鹰老伯伯立了马路旁边东张西望，我马上车窗摇下来，大叫大嚷：'车大爷车大爷。'伊看见我了，奔过来，隔着车窗，捧起我的手就狂吻，出租车司机吓个半死。伊住在延安饭店，我快点冲到美领馆，捣了半个钟头糨糊，匆匆离场，去延安饭店看车大爷。一进门，地上已经一排空啤酒瓶了，台上几样熟菜，我跟车大爷吃酒，车大爷也是摸出个钱包，油滴滴的手指，指给我看一张小照，四十来岁的女人，面如满月，如今的美人，都是又小又尖的面孔，不大看见这种脸了。车大爷讲：'我女朋友呀。'我吓一跳：'车大爷，侬八十岁了，还有女朋友啊？'车大爷跟我讲：'春彦，我厉害得很哦，不是我离不开她，是她离不开我哦。'"我在电话里，听得笑不可支，真真是，莫道风情老无分，桃花偏照夕阳红。《孽海花》第九回，愉快浮上心头。

春彦又接着讲："妹妹，何满子先生也欢喜吃的，他是我老师辈的老人了，我写旧体诗，有时候搞不清爽韵脚，会打电话去问老先生，王元化、文怀沙，他们都不用查书的，就在电话里跟你讲。当时我并没有觉得幸福，现在这些老先生，统统走光了，电话只好打给妹妹了。何满子先生也精旧体诗，有次跟我讲：'春彦，打油诗，打油的是题材、情绪，平仄音韵，还是要讲究要严格的。'我觉得何先生讲得对，我后来吃不准的时候，就偷懒，写山东顺口溜了，不敢随便打油。何先生祖上是富阳的首富，孙权后裔，郁达夫他们郁家的子弟出洋留学，何先生家里都资助过。何先生讲，他小时候，没有出门读过书，都是请先生到屋里来教的。何先生半辈子苦头吃足，但是人还是有贵气，伊虽然没什么钱，但是北京来客人，周海婴之类，何先生一定要做东请客的。铜钿哪里来？写稿子来的。何先生八十岁的时候，一个晚上写一万字给《光明日报》，写莎士比亚。以我国 50 年代确立的稿酬标准，赚点稿费，请客人吃饭，体面吧，妹妹。何先生的遭遇，我是害怕的，但是讲做人，做文化人，我要是这辈子，能够做到何先生这个品，妹妹，我蛮开心了。"

夫妇有恩

夜里春彦来电话,讲:"明朝侬来,一起去吃中饭,意大利饭好不好?"

刚好手边在翻《孽海花》,二十二回里,遗老遗少们亦在吃大餐。这里阳伯顺便就叫仆欧点菜,先给郭掌柜点了番茄牛尾汤、炸板鱼、牛排、出骨鹌鹑、咖喱鸡饭、勃朗布丁,共是六样。自己也点了葱头汤、煨黄鱼、牛舌、通心粉雀肉、香蕉布丁五样。吃得蛮讲究,寻常晚饭,动不动五道六道,当中还必嵌着一道细禽。出骨鹌鹑,搜遍本埠米其林,我猜,大约没有一家,有本事治这个碟子。读书读到这种地方,darling,最钻心不过。

隔日春光融融,散散步,慢慢晃去春彦家,一路晃过思南公馆,新艳崭崭,里里外外,簇拥着踌躇满志的群众。远远瞭望一眼,破帽遮颜而过。上海是不宜浓妆艳抹的一座城,群众不会懂。

　　春彦来开门，进门换鞋，春彦伸一臂给我扶稳。darling，全上海八旬老男人，会伸一臂给你扶稳换拖鞋的，我再猜，大约绝对数不出十个来。到底是太后跟前殷勤惯了的，春彦的身手，的的不凡。

　　坐下泡了明前龙井来，暗沉沉的画室里，万物堆得无处下脚的闹猛，密不透风间，透进一束疏松的光线，午后一点的静谧，适合太后晌中觉，适合兄妹们低低讲闲话，荏苒之趣，氤氲满一室。

　　甫坐定，春彦捧了块石给我，盈盈一握，腹内琢了匹马。"前两天，我没事体做，干脆收掇太后屋里的红木台子，一面孔灰尘厚得吓死人。"我笑，红木台子么，没灰尘就不像了。春彦叹："妹妹啊，那个厚灰，不是林妹妹面孔上的灰，是焦大面孔上的灰啊。收掇收掇么，收掇出三四块石头来，侬欢喜，侬拿去，我已经不记得哪里买来的了。"把石裹在手帕里，春彦又捧了一个大大的纸盒子来，是《聚雅斋笺谱》。"妹妹，这个笺谱，一百张笺纸，徐国卫印的，他在自己的藏品里，精选出来一百件，印的，侬送给潘先生。"我是一向喜欢漂亮笺纸，见了这个盒子，糯是糯得来，爱不释手。问春彦："为啥送给潘先生啊？"春彦拍大腿："妹妹啊，不是侬的朋友吗？伊不是欢喜写字吗？我看侬面上啊，一盒给侬，一盒给侬朋友。"油墩子哥哥，连我的朋友，都密密切切照顾到。

收了笺纸，看玻璃柜子里满坑满谷的杂货，一枚叶浅予先生的小照，正当盛年，焕发得奕奕，旁边立着一尊佛，春彦讲："妹妹，明朝的。"再旁边，扔着一大把手表。春彦讲："我要是百搭了，这些，统统是废品。"

春彦讲："刘海粟先生活着的时候，有一日，拿上海的宣传部长请到屋里来，当着宣传部长的面，请律师立遗嘱。我喜了，我这个屋里，所有我的画、所有我收藏的画，片纸只字不留，统统捐给国家。妹妹，里面是有宋画的哦。片纸只字，四个字，我记得清清爽爽。"

"子女没有意见么？"

"妹妹，从前的老法家庭，不要说子女，连夫人太太，都统统听一家之主的，老头子想哪能就哪能。现在哪里还会有这种事情？从前我常常在刘海粟家里吃饭，刘先生坐中间，师母娘和我，分坐刘先生两手边，饭桌子上头，悬一幅康南海的字，存天阁。有时候，师母娘欢喜我，吃吃饭，隔了桌子跟我讲两句闲话，老头子坐在中间，两根手指敲敲台面，垂眼道：'吃饭不要讲闲话。'马上一台子肃肃静。从前的老头子，是有这份威仪派头。"

问春彦："有没有沈从文的字，给我看看？"

春彦摇头："没有。"然后拍大腿，"赞啊，沈从文的字。伊的字，常常老做人家的，写在窄窄长长的边角料上，小小一幅，好是好得来。从前并不稀奇，现在不一样了"。

无轨电车，从沈从文，又讲到了张充和先生，老太太亦是一笔秀静至极的好字。合肥张家四姊妹，称张氏四兰，三小姐兆和，嫁的沈从文，四小姐充和，嫁的汉学家傅汉思，长居美国。多年前，张充和先生从美国来上海小住，春彦与我，去南市的一间大宅，听张先生拍曲。张先生袖珍身材，爱穿蓝花布的小袄，立着身子，在桌边唱曲子。那种丽人风致，蛮难忘的。春彦讲："张先生那种字，没有人会写了，不是技巧的问题，是没有这种人了。"有一回，春彦找了柄团扇，携了去寻老太太，请老太太写个扇面。老太太听完，碎碎娇嗔："春彦你烦死了，我的笔墨砚台，都打进行李里了，你烦死了。"讲一口徽州口音的国语。春彦讲："安徽人么，我不太喜欢的，不过，老太太蛮有安徽官宦人家大小姐的味道，我欢喜的。结果么，那日，老太太特特打开一件小行李，取出笔墨砚台，哦哟哦哟，一点点大的小砚台，一点点大的明朝的墨，一管极细的笔。我殷勤讲，'我来磨墨'。老太太不要，说：'我的墨，你不会磨的。'伊嫌鄙我，我看伊自己磨，蛮有讲究，先来这样这样几十下，再来那样那样几十下，纹丝不乱的，蛮好白相。写的她自己的句子：

"十分冷淡存知己，一曲微茫度此生。"

讲完，春彦怔忡了久久，慢慢道："有腔调的女人啊，妹妹，慢点我们专门讲一趟。

　　"刘海粟先生的夫人，夏伊乔，妹妹啊，值得写一部传奇的女人，真正的贤妻良母。我这位师母娘，家里是印尼的富商，两个哥哥待妹妹极好，陪嫁多多少少。嫁了刘海粟之后，钱财都被老头子拿去买这买那，师母娘毫无怨言。一辈子，永远梳一个干干净净的横 S 头，一件蟹青色的羊皮裘，我印象很深。刘海粟狂狷之士，多少难弄，师母娘有本事弄得样样舒齐。师母娘晚年，刘先生故世长远了，有次我去看伊，那时候师母娘已经老年失智，我带了本拍卖行的图录，刘海粟作品专场拍卖，里面所有的画，统统是假的，没有一幅是刘海粟的，只有一幅刘海粟的小照片，是真的。我拿给师母娘看，一页一页翻给她看，老太太已经完全不记得了。等到翻到刘海粟那张小照片，师母娘认出来了，讲：'宝宝，宝宝。'捧起来，不住嘴地亲吻。

　　"妹妹啊，我的眼泪，落下来了。"

上海妹妹的温柔敦厚

暮春日子，春服既成，胆壮壮，于疫情阴影里，与春彦游。

暝色将起未起的片刻，依依离震泽古镇，赴吴江宾馆投宿。途中春彦见高速公路上一枚指路牌，写松陵二字，立时起了一肚子黄昏诗兴。

小红低唱我吹箫，曲终过尽松陵路，云云。

"妹妹，侬查查，是不是范成大的句子？"

范成大老实人，笔下恐怕写不到这等旖旎。我亦不记得是谁的千古名笔，查一查，原来姜白石的。

自作新词韵最娇，

小红低唱我吹箫。

曲终过尽松陵路，

回首烟波十四桥。

"妹妹，侬看看，这个句子里，是有速度的。"

晚宴的觥筹间，春彦目光迷离，犹自击节不止。

"还有一首，高启的，也是有速度的，妹妹我读给侬听。"

渡水复渡水，

看花还看花。

春风江上路，

不觉到君家。

"活泼泼，一幅山水长卷子。我年轻时候，陆游的诗，背得出两百首，妹妹，为了这两百首，侬这杯茅台，阿好吃掉了？

"'文革'时候，我父亲跟他的堂哥在山东乡下，两兄弟在一起管牛。冬天，北方的冬天，是冷得死人的，牛棚里四处漏风，这两兄弟，一个叫子亮，一个叫子才，又饿又冷，铡干草喂牛，一个扶刀，一个握草。半夜里，冷得实在吃不消，眼睁睁等天亮。哪能办？两兄弟商量一下，不如来联句作诗消磨时间。我记得，他们的诗本子里，有这样两句。"

根根毛直竖，

牛角还弯弯。

"妹妹，侬没养过牛，侬肯定想不出这样的绝句。北方的耕读人家，这种饥寒交迫里的温柔敦厚，啧啧，味道好吗?

"60 年代三年困难时期，我一个人长途跋涉，从上海跑去山东乡下看望母亲和兄弟姊妹，坐完火车换长途汽车，长途汽车坐下来，离家还有三十里地。一大清早，我坐在车站外面，一边画速写，一边等我弟弟骑车来接我。旁边呢，有两个山东老农，空心穿件破棉袄，是一早出来拾粪的，大概出来得不够早，粪也早被别人拾了去，篮子里空空的。两个老农，坐在墙角下晒太阳，聊闲天。

"一个讲：'我是喜欢王羲之的。'

"另一个讲：'王羲之有什么好，我喜欢刘墉。'

"妹妹啊，侬不要低看这种老农民，一到年下，背着两只手，在村子里晃，挨家挨户去看人家门上的春联，书法门道，看看就看到骨子里去了。

"两个老农继续太阳下抬杠，刘墉刘罗锅，那字有什么好?

"一个讲：'我喜欢刘墉的厚。'

"另一个讲：'我喜欢王羲之的俊。'

"俊，我们山东话里，就是漂亮。妹妹啊，这个故事，我有一年，在沈尹默先生的纪念会上，当时的书法协会会长周慧珺叫我讲两句，我就讲了一遍这个故事。"

春彦话落，宴上正起高潮，一碟糟熘塘片，辉煌地捧上桌。手掌大的塘鳢鱼，片出鱼卷来，一条鱼，不过数卷，腴极细极，入口即化，惟余一缕糟香隽永，简直堪称泼墨神笔。春彦亦一个埋头两眶热泪，好吃好吃不绝如缕。岁月人世，总是于低头抬头之间，轻飘飘，过尽千帆。

"60年代初期，我跟我父亲，去山东上祭祖坟，小庄子里，什么松柏，什么墓碑，统统没了，就剩下两个土堆堆。我跟着父亲，挎个篮子上去，四边的田里，种的是茄子，北方的茄子，圆的。我看我父亲，篮子里拿出黄纸来烧，跪在那里磕头，磕完头，还跪着，看见我父亲，非常熟练、非常自然、非常流畅地，伸手摘了个茄子，放到嘴里生生地吃。妹妹啊，那个时候，实在是饿啊。"

"那个时候，侬几岁？父亲几岁？"

"父亲四十多，我二十多。"

宴间正上一钵鱼头汤，云白柔腻的鱼汤里，风致楚楚地，卧着一枚好出身的丰腴鱼头，娇与憨各一半的样子。震坤兄灵光四射地拍案道："像八大，像八大。"说得我，一脚还在茄子地边，一脚不当心落进鱼头汤里，真真深一脚，浅一脚。

春彦呆看两眼八大兮兮的鱼头汤："妹妹啊，我吃过最小的鱼，哦哟哦哟，真是小得来侬想象不出，叫撬干，一筷子撬下去，好搛起来一千条，我一生也就吃过一次，好吃，出在徐志摩的故乡，硖石那个地方，现在估计也不会有了。”

同席饭伴们，不约而同兴致勃勃起哄春彦的一句当红妹妹啊，糯得堪比尹桂芳。春彦听了，翻翻白眼："从前上海人么，看见陌生女人，客气点，都是叫声妹妹的，哪里像现在，叫小姐叫美女叫阿姨，阿姨侬个头，一点规矩都没。比如侬在马路上问路，妹妹啊，巨鹿路哪能走？或者，弟弟啊，徐家汇还有几站路？老法上海人，都是这样温柔敦厚的，又像自家人，又不像自家人，亲而不昵，糯得分寸极好。北方不是这样的，北方叫姐姐，硬派。有一年，北昆来上海演《晴雯》，在八仙桥大众剧场，有下午场，有夜场，票价不便宜。我买张下午场，再暗暗交带只面包在包里，进去连看两场，过足念头。晴雯么，大观园里，算为数不多的比较干净的人，有点愤青，小姑娘人聪明，牢骚也蛮多。那趖，舞台设计是大名鼎鼎的张正宇，张氏三兄弟的老二。舞台漂亮，伊全部用的湘妃竹，竹榻、椅子、帘子，还有蓝印花布，一般的蓝印花布是蓝底白花，张先生用的是白底蓝花，舞台上清爽，漂亮，一尘不染，像煞晴雯那个人。要命的，是那个演宝玉的演员，我忘记是谁了，人很高，鼻子很挺，一点不像贾宝玉，倒是像个外国人，演孙悟空比演贾宝玉合适多了。这个外国人贾宝玉，长一码大一码，立在舞台上，追着晴雯，一句一句叫，姐姐，姐姐。我坐在下面，火气也大了。"春彦一边讲，一边立起身来学，梗着脖子，一句一声，姐姐，姐姐，直别别，向壁而去。举座笑得颠倒。

"做人、做事，与其讲，要有修养，不如讲，要有规矩。老法规矩，赏心悦目。我老师黄幻吾先生，岭南画派的大家，花鸟画得精极精极，黄老师的日常生活，亦是精雅得不得了。我小时候跟黄老师学画，有时候在黄家吃饭，看黄老师精致地吃东西，至今难忘。我们寻常人吃饭，吃一口，再吃一口，黄老师不是的，吃一口，饭面上凹下去一口，黄老师先要拿这个凹地，端整舒齐了，才慢慢吃下一口。那种饮食法度、做人规矩，少见的。小时候，我看见黄老师画案上有四块玉，白玉，每块有我们今朝吃的菜团子那么大，黄老师跟我讲，四块玉，是伊小时候，十四岁的时候，画画小有名气了，伊姆妈买了送给他的。这个事情，我听了，也蛮感动的。物件里有了深情，就忘记不了了。"

"再讲只吃饭的规矩好吗？我岳母家里，是大家庭，人口众多，1949 年以后么，家里也没有帮佣的了，我岳母亲自下厨，一个人，每天烧一大桌菜，端端正正，舒舒齐齐。妹妹，侬烧过饭就晓得了，一个人，格能一台子烧出来，自己根本没胃口吃了。我常常看见我岳母大人，烧好、摆好满满一台子菜，自己坐在桌边，拿把扇子慢慢扇，一口不吃。妹妹啊，多少不容易，为家人，这样坚持一辈子。这个就是做人的规矩，做事情的法度啊。

"贺友直先生，一生清贫，随便哪能，就是不画商品画，一辈子只画小人书。他心里这个法度，煞煞清，无论我怎么劝，这个铜钿，伊不要赚的。还讲，'春彦侬老是叫我画水墨商品画，侬是害我'。

"有一腔，王家卫想拍《亭子间嫂嫂》，周天籁的小说，王家卫跟张乐平先生家里沾点亲，张家的第四个儿子，阿四的太太，是王家卫的亲姐姐，伊拉是郎和舅。王家卫来请阿四，带伊去贺友直先生屋里。王家卫带了交关钞票去的，包嚓一记拉开来，里厢钞票潮泛。王家卫想请贺友直先生画人物造型，伊要根据贺友直先生画的亭子间嫂嫂，来创作人物。贺友直先生看看伊，跟伊讲，'侬拿了跑，我不要的'。妹妹啊，贺友直先生，是真正想明白了的人。铜钿一分没收，画是画了一幅的，我看见的时候，挂在贺先生自己房里。一个旗袍背影，别转来一眼眼，带点点颜色。我盯了看，贺先生在旁边讲：'春彦侬不要动脑筋，这幅是王家卫的。'

"贺友直先生一生安贫，绝不画商品画，只画小人书，但是侬不要以为他没有野心，他有的，他的野心，是要做小人书里的王，他果然做到了，画连环画，没人画得过他。

"君子安贫，达人知命。妹妹啊，读书人，要有这点境界。"

那日宴阑，春彦立起身，诚恳道："谢谢你们，疫情以来，我在屋里关了三个月，今朝放出来，你们请我吃这么好吃的饭饭。"话讲完，诗兴画兴犹在，请老镇源的姜老板，"来来来，侬拿碟虾子酱油给我，再叫刘国斌兄坐在对面，我画侬"。饱蘸虾子酱油，三笔两笔，画了国斌兄一幅肖像，松陵刘郎一食客，画得蓬松，画得糯。

上海小人，从麻酱拌面到《离骚》

初夏日子，得了一点永康的名物，五指岩姜，一匣子甫临市的新姜，嫣然粉红，鲜得赛过灵芝仙草。抱着 Nana，呆看了几眼，原来姜这种东西，竟拥有如此娇嫩高甜的前世。清早晨起，在心狠手辣榨取的那杯果汁里，搁了一寸新姜进去，平平无奇的果汁里，顿时有了一缕神，凛凛立在那里，久久不散，如溽湿闷热里，一柄扬眉出鞘的剑，果然好。然后剥一枚沸水里捞起来的磅礴肉粽，蘸一碟子绵白细糖，缓缓食，食完最后一口，刚巧春彦的电话打进来："妹妹啊，侬早饭吃过了吗？"兄妹们的无轨电车，初夏日，直接开进刘旦宅先生屋里。

"刘先生是我大哥，蛮容忍我，伊脾气大，没几个人好跟伊讲闲话。刘先生屋里规矩森严，待人接物，简直有宋人遗韵，赞是赞得来。刘先生到了晚年，样样东西都戒掉了，戒得干干净净。先是拿烟酒戒掉了，再拿茶也戒掉了，再后来，画图也戒掉了，偶尔写写字，到最后，写字也戒掉了，不写了。我去刘先生屋里看伊，伊只做一桩事情，看报纸，一张《文汇报》，看几个钟头，伊跟我讲，伊连中缝都一字一句看。我蛮震撼的，刘先生年轻时候，是多少欢喜画图的人，常常在火柴盒上面画速写。人老了，萧疏起来，可以如此万念俱灰，一切不在眼睛里，妹妹，这是什么境界？

"白居易这个人，蛮啰嗦的，有一眼眼神经病的，样样事体要没闲话寻闲话写首诗的，不是首首都像《长恨歌》《琵琶行》那么好的，有时候写得清汤白水也有的。伊有两句诗，我背给侬听听：薄有文章传子弟，这句还好，没啥稀奇，后面一句么，老魁了：更无书札答公卿，蛮神抖抖，蛮气派，蛮对我山东人脾气。

"妹妹，今朝跟侬讲讲我两个小弟子好吗？两个上海小人，莺声滴沥读《离骚》，蛮赞的，跟侬讲讲。天气蛮好，妹妹侬出来走走好不好？电话覅打了，隔半个钟头，阿拉思南公馆碰头好吗？不急不急，妹妹侬换件好看衣裳，我等侬。"

半个钟头之后，与春彦坐在了空无一人的思南公馆，清晨的晓露，犹在树叶上。

"我有个学生，王卫，读书不哪能用功的，安徽人，眼光好的，老早老早伊就看中徽派建筑的老宅子，人家不要的老宅子，伊统统去拆了来，收藏起来，前前后后，收了一百多套，不得了。我比伊有文化，但是我没伊有眼光。眼光这种东西，妹妹我跟侬讲，不是后天的。我记得伊早年收一套徽派的状元楼，不过一万块，现在侬试试看？伊还收过一套四川那里的老宅子，明末清初的，全楠木的，结棍得来。王卫待我交关好，我七十岁生日，伊跟我讲：'老师，侬到我这里来过生日。'伊有个闻道园，弄得蛮好。那天呼朋唤友，来了闻道园里写字画图弄白相，夜里王卫拉了一小卡车焰火来，来了厅堂前面的水面上，放焰火给我祝寿，放了足足一个钟头，妹妹，我开心啊。

"王卫有个小女儿，叫宝宝，那个时候还小，十岁都不到，我们大人白相，宝宝在园子里到处串来串去，皮得像只兔子。这个小人，画图画得好，胆子大，我跟伊一道画写生，我还没想好怎么画，伊已经一半画好了，我画不过伊，伊出来的画，像大师级的作品。我一直讲，她的画，蛮像人类的童年，没有被污染过，出来得元气淋漓。一锄头下去，挖出来的，统统是天才。妹妹，这种东西，我很看重，这种小人，我很尊重，伊是我的小师傅。

"有天我在写字，宝宝跑过来跟我讲：'爷爷，你教我古诗好不好？'

"我看看小人，跟伊讲：'学伊做啥？没用的。你妈妈叫你来跟爷爷讲的？'

"宝宝讲：'不是，爷爷你教我好不好？'

"我跟小人讲：'古诗很难的，床前明月光，清明时节雨纷纷，这种简单的没劲的，爷爷不教的。'

"宝宝跟我讲：'爷爷你教我最难的。'

"我跟宝宝讲：'爷爷要教，就教李白杜甫的师傅写的古诗，很长很难的，大学生才学的。'

"宝宝讲：'爷爷，我就要学最难的。'

"我倒蛮吃惊，这个小人，一点点大，人么矮笃笃，皮肤黑黝黝，眼睛晶亮，主意大得不得了。我就答应伊了，教伊读屈原的《离骚》。宝宝马上跟我讲，爷爷我们不要在这里。小人带我到另外一间小房间里，走进去，格只小赤佬，茶也给我泡好了，我倒被伊吓一跳。

"乃末开始了。我认认真真准备了一本老好的册页，每堂课，教四句，教小人认字，读音，解释给伊听，还要拿《离骚》和屈原的背景，弄只故事讲给宝宝听。第一课是在闻道园上的，后来是每个礼拜六早上，宝宝的妈妈，送伊到我屋里来上课。

"有趟上好课，我请宝宝母女下楼吃中饭，隔壁只台子上，是我楼上邻居，一对小兄妹，中法混血儿，妹妹嘉函来跟我讲，阿好跟宝宝一道来学《离骚》？这对小兄妹，我蛮欢喜的，平日里走廊上遇见，小人举止很有教养，就答应她们了。我再准备了一本册页，给嘉函兄妹，一式一样，每堂课，给她们写好字，一字一句教。每堂课，总要上个三刻钟样子，两个小人，拿《离骚》背得清清爽爽。下了课，两个小人，皮是皮得来，在我屋里奔进奔出，摇椅上摇摇，拿我喷花的水壶，到处喷，钻到我的电脑房间里，看见台子上一副欧洲带回来的水晶象棋，两个小人着国际象棋去了。我的房间里，有了这两个小人，终于有了天真，有了生命，有了活泼。一首《离骚》，我教了三年半，从两个皮小人，教到她们长大一点不太皮了，妹妹啊，我好像终于做了一桩蛮好的事情，除非有一天《离骚》也要被打倒，我想想好像不太会吧。后来这几年我开画展，开幕式上一个保留节目，就是我这两个小弟子，十龄童小人，宝宝和嘉函，背诵《离骚》给大家听，妹妹啊，莺声滴沥背《离骚》，赞吗？其实这几年，妹妹我跟侬讲，我过得蛮不开心的，这种不开心，不是铜钿赚不到不开心，也不是科长做不到不开心。教两个小人读《离骚》，是我这几年里，做得最最开心的一件事，我常常心里厢倒蛮盼望礼拜六早一点到来，真的，妹妹。《离骚》是根橡皮筋，侬现在十岁，读读背背，交关有味道，侬以后到了九十岁，再读读背背，照样蛮有味道。人生么，像爬山，爬到哪一格，看见哪一格的风景，讲哪一格的话，妹妹侬讲对吗？

　　"《离骚》教完了，我开始教她们《古诗十九首》，《古诗十九首》蛮朴素，蛮古风，正是正得来，小人读读蛮好的。买了两本马茂源的书回来，一样准备了册页，写写，画画，讲讲。结果么，讲了一首，疫情来了，断了六亲，没办法往来上课了。

"宝宝这个小人，极聪明极聪明，学堂里老师教的'清明时节雨纷纷'，伊好拿了嘴巴里盘来盘去，颠三倒四，重新弄首唐诗出来，无法无天没规没矩异想天开，灵得不得了，想到这种小人，我不敢做事情了。"

中午十二点半了，催春彦回家陪太后吃饭饭，春彦摸出枚小砚台塞给我，说："妹妹侬没文化，不肯写字，这个小砚台么，小幽幽，侬摆了手边，当烟灰缸蛮好。妹妹，虽然婚姻没啥意思，侬男朋友还是要好好交去寻一个的，哪天侬嫁人，我油墩子哥哥，总归备份小小的嫁妆给侬的。"

与春彦分手，也饿了，顺脚晃去雁荡路味香斋，吃碗麻酱拌面点饥。味香斋一点点大的国营店堂，与一对年轻恋人拼了一桌子食面。男孩子埋头吃了一筷子拌面，大声叹了一句"适意适意"，跟女孩子讲，"牛肉汤侬吃哦，我可以续碗的，我是这里的VIP"。我听了暗笑不止，这个男孩子，比春彦还会讲话。过了一歇，跑堂阿姨送了一小碟炒辣酱浇头来，男孩子看看我，我摇手说不是我的，男孩子想了想，说："阿姨待我好来，送给我吃的。"然后抬头瞄一眼坐在账台上收款的阿姨，阿姨朝伊点点头，男孩子开心了："真的是阿姨送给我吃的。"拣了块小肉送到女孩子碗里，女孩子笑。男孩子讲："上个月，我来吃面，看见阿姨们戴的口罩太蹩脚了，看不过去，跑到车子里，拿了一包口罩送给她们，N95 的。"

　　darling，上海小人们，吃面，背《离骚》，倒是真的生生不息。

秉烛夜嬉，以及大肉面的早饭

黄梅天兮兮的溽热傍晚，春彦打电话来："妹妹夜里做啥？来屋里看画好不好？疫情期间画的画，这两天，托好了，侬来看看。"

夜里坐在春彦的画室里，邓秉元教授是初见，眼镜片后面，一双热忱忱的读书人眼睛，蛮有温度，蛮罕见的。邓教授伏在小茶几上，客气题赠他的新著给我，《新文化运动百年祭》，一幅民国灰的封面，手感很好。谢过邓教授，叙了几句复旦旧话，论年庚，原来我还是学姐，这就从邓教授变成了秉元弟弟。这几年，出入人间，常常为自己的宏伟辈分吓一跳。

春彦忙着端茶倒水，笃笃来，笃笃去，往返于厨房及画室之间。新置的玻璃杯，专为了泡明前龙井，可惜，我夜里饮不来龙井，烦春彦重新端了白开水来。春彦招手让我看他今日白天随兴买的几件小古董，齐齐搁在画案上。一枚一百多年的单孔望远镜，手指长仅仅，铜润温存，拉开来，望远效果精良。

英国海军的玩意儿，平日无事袖在手里，没有海战好打，不如携去戏园子看霸王别姬倒是好的，只是虞姬梅郎安在哉？另一对，亦是比拇指大不了多少的青花瓷，釉色饱满，青与花，皆正气，看似是清末民初的婉转小东西。春彦说："妹妹猜猜是何物？"答伊，烛台吧。再一件，手指长的仙人，背了把羽扇，神抖抖的，刻工小小精致，春彦看我摸着玩，在旁说："象牙的。"我有点瞪眼睛："真的吗？"春彦又说："妹妹侬猜猜几钿？"我思忖着答："6000差不多吧。"春彦凝凝眉："妹妹啊，要不是疫情，真的就是侬讲的这个价钱，现在么，不一样了，600。"我听了啧啧，讲不出心里是什么味道，疫情改写世界，是彻底的，全面的，触及钱包和灵魂的。

看完小古董，刚好天扬兄进门，春彦殷勤问伊喝不喝茅台，天扬答不喝，开车来的，等歇可以帮侬送妹妹回家。我还在画案上，摆弄着几件小古董拍过来拍过去地玩，拍够了，拿起旁边的两本册页，春彦给嘉函小朋友上《离骚》的课本子，这几日，嘉函抱来春彦家里，给大家翻看、拍照、写文章，人见人啧啧。跟春彦讲："拿这两本《离骚》册页，正式出版一下，寻个专家，稍微再把《离骚》注释得详细一点，极好的书。"春彦讲："好白相是好白相的，就是这两本册页，我的字写得不够好，我要重新写过。"天扬兄循循教导春彦："就是这个版本好，有天趣，侬重新写过，没有了那个味道，人家又不是要看你的字。"说了几遍，春彦犹是耿耿，字写得不好看。《离骚》册页旁边，搁了套《楚辞图》，沈尹默先生题的书名，楚辞图三字，腴美圆润，墨色焕发，夜灯下看过去，美得吃不消。打开函套，原来是历代名笔画的楚辞图画，1953 年的版子，郑振铎先生作的序，李公麟、陈洪绶、萧云从、文徵明们，无一懈笔，斐然动人极了。春彦讲："妹妹带回去慢慢看。"把两本《离骚》课本子和《楚辞图》叠在一处，放到了旁边。

离了画案，与秉元、天扬们坐在茶桌旁，春彦将桌上一盘水果挪走，颤巍巍抱了一大瓶芍药来，一点点大的茶桌，扑扑满，尽是芍药的天下了。夜灯高挑，看画之前，春彦兴致盎然，开一歇无轨电车。

"妹妹，我这辈子见过的，最赞的象牙雕刻，一对，有手臂那么长，完完整整的两枚象牙，雕的是旗装的裸女，赞极赞极。那是 1966 年，我老师黄幻吾看见，吓煞了，关照我，快点快点，丢到黄浦江里去。我不舍得掼掉，至少那个材料是好的，虽然旗装裸女是不好的。我那个时候是专门画毛主席语录的画师，手臂上有一只工总司的红臂章，像护身符一样。有一日我带了这两根象牙，去文物商店，看见那里的工作人员，也戴着红臂章，跟我一样的。我胆子大一记，问伊：'同志，我跟侬讲，这个东西，材料是好的，你们收不收？'那个工作人员，白我一眼，拿了两根象牙，还有我的工作证，进里面去了。一去么，去了长远长远，一直不出来，我在外面，吓煞了，不要因为这两根老举三，拿我抓起来去劳动教养，吓得想逃走。但是我工作证也被人家收去了，我不敢逃走，没有工作证，我人也不能做了。只好苦等。等了半半日，总算出来了，报了个价钱给我，妹妹，侬猜猜看，几钿。"我想也没想，随口答："两块一根。"春彦拍大腿："妹妹侬真猜对了，就是两块一根，不多不少，一共给了我四块人民币。唉，唉，这两根东西，如今，不晓得在哪里了。叹叹。"

无轨电车靠站，众人俯身读画，疫情期间，春彦画的真不少，厚厚铺在地上，一幅一幅看过去，讲讲笔墨，讲讲笔墨后面的不甘心。春彦说："古人的笔墨，虽然高山仰止，但是今人之我，还是想用自己的笔墨，画自己的东西。我八十岁了，今年不会百搭，明年大概也不会，有生之年，我还想再画两张灵光的出来。"

一套猫嬉，用墨酣畅大胆，妩媚滴滴。举手投足之间，诸猫之心思沉沉，甜甜刁蛮，样样俱有，极有富饶滋味。另一套春意图，小小幅，亦淋漓，亦沉着，看似极为稳妥极为熟，内里却有深不可探的寂寞一眼望不到尽，黄澄澄的灯火通明下，众人围看尚不觉得，归家之后，于手机上，独自细细看照片，深觉夜凉如水，碧海青天，春去矣，等等。

隔日一早，春彦来电话："妹妹，侬起来了吗？早饭吃了吗？侬出来好吗？田子坊门口一起吃碗苏帮面。"

半个钟头之后，与春彦坐在空无一人的面馆里，一边吃大肉面，一边闲话昨夜今晨。

"昨日夜里，你们来白相，我多少开心，你们走后，我一点钟左右睏的，三点半醒了，起来写字，写幅大字，写了四个钟头，写来写去不太称心。"

"写了多少张？"

"六十几张。"

"写的什么？"

"抬起你高贵的头颅，普希金《致十二月党人》开首第一句。我拿伊变一变，抬起你头颅之高贵。"

我听了默然，偏偏春彦此时有声胜无声地鬼叫起来：

"妹妹，这块大肉，冰的。惊叹号。"

男人女人，适当都要有点诗意

　　云南十日回来，日子一平静，旅途劳顿一点一点泛滥上来。对着满城梅雨意思，真真懒洋洋以及万斛愁。春彦依旧日日夜夜活蹦乱跳，八十岁的人，天天只睡零星一点点觉，兴致勃勃忙进忙出，忙得脚不点地地忙。忙啥呢？忙着筹措"庚子艺事"。

　　坐在璞丽碧阴阴的长廊下，春彦吃拿铁，我吃滚水，春彦翻出展事的花色名单，跟我眉飞色舞，看看名单上一个个，都是震动四海的厉害名字，由衷啧啧了两句。问春彦："作品差不多都收齐了？"春彦答："收了九成多了。妹妹，我急性子，收到一幅，刻不容缓马上拿到对面裱画铺子去裱起来。昨日去裱一幅字，裱画铺子里，有个陌生客人，是个年轻妈妈，在裱她女儿的一幅小作品。我凑过去看看，腰细了，小人看得出，有点小才气的，不过呢，画的是死板板的临摹大师作品，一点点生气都没，气人是气人得来。我问伊，侬侬侬，阿是送侬女儿读的天价画图班？伊讲是个，这幅作品，是老师挑出来的，叫裱起来，去参加毕业展览的。我气来，跟伊讲，侬侬侬，侬是在拿刀，杀侬女儿，拿小人的天才，统统杀掉了。我看看伊长得还蛮好看，就多跟伊讲了一歇。问伊做啥工作的，伊讲是《晨报》的，腰细垮了，还是个搞文化的娘。啥地方读的书？讲是华师大毕业的。问伊钱谷融认得吗？伊讲，钱谷融啥人？没听见过。妹妹，骇人听闻吗？钱谷融伊没听见过，格么施蛰存谈也不要谈了。"

我听了笑："侬凶得来，不过，要是伊听得进去，倒也是好事。"

春彦讲："伊看样子后来是听进去了。妹妹，我八十岁了，真的到了拿人家小人，当自家小人的年纪了。裱画铺子的老板娘，四川乡下女人，我看伊倒蛮有意思，晓得买几本英国推理小说，给小学五年级的女儿看。妹妹，弄得不好，人家将来也变成王安忆呢？蛮难讲的。"

"不过妹妹，我晓得我昨日有点太凶了，不对的。我是这几日吃力了，情不自禁发泄了一下。妹妹，侬也不好凶不好发脾气的，侬要听我油墩子哥哥的话，不好凶人家的，侬不凶的时候，蛮好蛮雅致，像芸娘；妹妹侬一凶，乃末完结，变酒酿。"

拿铁吃了半杯，春彦苦苦脸："饿来，上楼吃饭饭好吗？"

上楼吃午饭，米其林一星，菜单字细小，春彦也不用老花眼镜，看两眼，大刀阔斧，点好了。继续无轨电车。

主菜上桌，春彦要的比目鱼，他啧啧讲："这么恩爱的鱼，哪能吃法？小姐，侬给我一点老干妈好吗？"结果么，到底是米其林一星，小姐一手老干妈，一手 Tabasco，笑意盈盈统统送上来。

"阿拉去欧洲白相，一帮上海画家，跑到德国，德语讲不来，英文只会讲 orange juice，吃饭有点困难的。有个画家难弄，不吃 orange juice，要吃冰水，water 我会讲的，服务生端来了。画家看住我：'阿哥，没冰块。'我只好拿服务生再招呼过来，叫画家画给他看，画了交关冰块，立体方块，德国服务生仍旧看不懂。我想了想，画了座冰山，旁边一杯热得冒烟的热水，再做手势给人家看，拿冰山搬到杯子里，乃末人家德国人懂了。吃牛排倒是便当的，画只牛，再画把火，旁边写 70%，德国人完全明白。

"阿拉去朝圣马克思故居，一座安静小城，山是红色的，红山碧水，没啥游客，除了我们这票中国人。管理员很激动，拿出一本小羊皮精装签名簿，请阿拉签名。

"朝圣好了出来，外面有个小广场，新天地兮兮的，卖旅游纪念品，兜了三只圈子，实在想不出有啥好买。每趟没啥好买的时候，我总归是买副太阳眼镜，总归用得着，香港人讲，盲公镜。问题是，这样一来么，我更加看不清道路要怎么走了，哪能办？

"讲来讲去，妹妹啊，男人也好，女人也好，还是适当要有点诗意的，侬讲是不是？"

芳菲夜宴图

于五毒俱全的端午日，"庚子艺事"湿漉漉开幕。

天平路上 Mao Space，翠袖朱颜们，济济了一堂。微型典礼，头头是道，就不一一细讲了。其间，一枚娟秀女琴师登堂，春彦起身，窈窕点一曲《夜深沉》，年轻女子俯首演来，真惹人动容。京胡之尔雅，夜深沉之低昂，如此三步之内的面对面，整曲历历嵯峨，句句送到，委实难得极了。

展堂内，春彦一帧《永嘉白云头上飞》，小小尺幅，有神来之趣。五月里，春彦去楠溪江白相，途中断续瞌睡，即将抵达的最后数分钟，猛然醒来，于车中，抬头望见永嘉山水排闼而至直呈面前，惊艳之余，慌忙摊开速写簿子，手边无一画具，仓促抓着香烟头，饱蘸农夫山泉，三笔两笔飞速涂抹而得。回了上海，春彦电话里跟我讲："妹妹啊，裱起来看看，我自己蛮佩服自己，老山东画得不比古人推板。"我请春彦微信里拍给我看看，春彦讲："没办法拍，装了镜框，拍起来反光，妹妹侬来屋里看。"某日于春彦画室里，蹲在地上看见了，巍然苍秀，又清又沉，果真好。

千年不改桐庐水，更有王孙痛哭来。

我在地上默默蹲了久久，跟春彦讲："来不及思索的片刻，本能统统跑出来了，所以好。"

春彦在身后得意："过个五百年，以后的艺术评论家们，研究这幅画的画材，伊拉随便哪能想不出来，我是拿香烟头画的。"

开了幕，暝色苍然里，集体蹒跚过街，至对面老吉士吃饭饭。落座，右肩金宇澄，左肩沈宏非，劳动两位君子，此起彼伏，照顾了我整整一餐饭。通常的男人，记得照顾你第一筷子，搛些些到你碟子里，就算礼数很周至了。金沈二位爷，一整晚，严阵以待，一无懈笔，从头照顾至尾，蛮难得。一夜之间，让我对上海男人重拾信心，从地上捡到心上。

老吉士一碟凉拌茄子，循守古法，清俭，却滋味不薄，蛮合黄梅天的胃口，人人盛赞不已。沈宏非淡淡讲："前日听本帮菜的厨师闲话，本帮菜里的技巧，最不得传承的，是焐。"听了默然，垂首细想，可以想出一篇社会人文的论文来。沈宏非戏言："蛮像当今流行的低温慢煮。"席间有人痴痴问："格么，焐，以后不知会不会失传？"沈宏非想也不想地答："当然是失传的了。"这种断然，坐在隔肩听来，大有王者熄迹、霸图消散的寂寥，虽说，只是一件不足道的焐事。而你我的日子，就在此起彼伏的消散里，日复一日，过成了潦草不堪草头的草。

席上一小半，都是苏州人，随兴讲几句苏州闲话白相。

"阿弥陀佛，阿姨，阿胶阿要？"

短短一句，四个阿字，字字音不同，讲究得肝肠寸断。边拆六月黄，边碎碎推敲，真算得宴上一景致。慢慢不免讲到评弹，沈宏非随手在手机里翻出一段俞筱霞的《宫怨》给我，颇令我侧目。寻常饭桌子上，不太能遇到懂得老俞调的饭伴，这种无趣，恐怕要算在时代的账上。金宇澄感叹："京剧演员评弹演员，都有点生不逢时。"我笑伊："侬写字的，生得逢时了？"金大爷自《繁花》之后，醉心弄版画，编画册，问伊："弄了版画，是不是更不想写字了？"金大爷答："是啊。"金氏版画里，有个很耀眼的特色，读得出一大把密密麻麻的细节，这是小说家侧身弄版画的痕迹。好小说，必有琳琅细节铺陈，金大爷这点得心应手的繁花手段，撒到版画上，蛮独到。

饭至半程，春彦于众目睽睽之下，安详睡着了。春彦的独门本领，随时随地，睡给你看。周围人们亦都见惯不怪，照样饮食谈笑，当春彦无事，看看伊睡得久了，搭件外套在伊肩头，睡的睡，食的食，彼此不相扰。筹措"庚子艺事"四个礼拜，其间春彦不曾睏到床上过，日日夜夜，这么椅子上靠靠就算睡过了。黎明起来，写一条"抬起你头颅之高贵，破凶前征"，写了六十多张才扔下。

老吉士的看家杰作蟹粉粉皮辉煌端上来，这个碟子，抄袭的人家无计其数，抄得像的，却寥寥。很奇怪，这个碟子看似没有太多的技巧，偏偏难描难画。蟹粉是去年的陈货，略略有点腥气。席上处女座男人碎了一句。而明虾大盘端上来的时候，我已经无力举箸了。金大爷殷勤劝食，循循善诱，看我屡劝不进，不再跟我废话，直接搛了一枚搁在我碟子里："不会让侬上当的，好吃的，侬吃吃看。"我觉得自己成了《繁花》一折子。

宴尽下楼，老吉士陡峭的小楼梯口，毛毛一臂搂住我，姐姐。那么秀骨娟娟的细瘦女子，搂起人来那么凶猛，不容分说，将我的唇覆在了她的颊。沉沉一吻，下楼去。

劳沈宏非送我回家。落车时，沈先生关照，过两天，与春彦去我那里吃泡饭。

芳菲夜宴，与女子深吻，与男子泡饭约，以终。

泡饭长，泡饭短

夏日细长，沈宏非召食。细雨繁花天，一只泡饭局。

春彦听罢沉吟，摆张当令苦瓜面孔。"妹妹，我八十岁了，样样饭饭吃过，泡饭宴没吃过。侬阿好花只翎子给沈公，铜钿银子我来出，阿拉吃得好一点？"

老男人的一粒如焚忧心，玲珑，煎熬，烂而且漫。

安慰春彦，沈宏非整顿的泡饭局，不担心，想必赛过一枚月白暗花笺。我没有饿过三年肚子，我比春彦宽心。

暮色苍然里，抵茂名南路沈公寓所，电梯门开，沈宏非客气肃立于门边恭候，花衬衫外面，披一件下厨围裙，春彦乍见吓得跳脚，腰细腰细，罪过罪过，一路举步维艰。

入室灯火阑珊，花腔女高音细细呜咽，慢吞吞，哀怨明媚各得其半。黄梅天版本的醉生梦死，像你我童年的客堂间。沈宏非皎皎处女男，尤嫌戏味不浓，侧转身，拉丝玻璃杯里，倾一杯冰凉饮。进门五分钟，眼耳鼻舌身，统统跌进伊的陷阱里。

绕室逡巡，看看书，观观花。春彦沉痛得语塞："侬侬侬，侬弄得这么干净啊。"差一点泫然而泣。春彦自己屋里，天地玄黄，万物堆得淹塞，觅个下脚处都至难，见了人家的疏朗清廓，总是眼热得滴血不止。黯淡中，一盆婷婷之荷，恹恹然，半开一朵，弱不胜衣之姿，令人心一个跌宕。隔着一堆书，旁边一盆五针松，枯成了白骨森森。春彦又发急："侬看侬看。黄昏淫雨，真看不得这种东西。"金宇澄一面孔繁花笑容："这里的泡饭，我吃第四趟了。"

甫落座，沈宏非默默掀开饭桌上两盏竹罩，笼着一台子的精洁小菜，好像有苍蝇似的，其实是戏啊戏。春彦拍拍胸口，开始放下心来，搪瓷饭盆里，不是食堂红烧大排，是一人一只酱蟹，人家外婆亲手制的，人人哦哟哦哟连篇。沈宏非形丰之辈，行动之际，却轻灵袅娜，一无声息。此时双手抱着一钵闪身而至，糟钵头，糟钵头，那个样子，像极春彦的一幅画，《伏虎》，达摩抱着一头猫咪，软也不是，硬也不是，全副精神，仍不够对付，一个不好，胡突跳脱。而那一本糟钵头，制得极赞。缓缓食去，层层叠叠之鲜虾、门腔、毛豆、白肚、猪尾，一一皆落于食材各自的软硬合辙度内。于一钵之中，食感丰荣，曼妙多姿，深得钵字真趣。食至一半，沈宏非讲，下面有豆芽。一句说到我心里去了。上海糟菜里，最典雅，是一味糟豆芽藏春，鲜脆轻灵，横扫一切牛鬼蛇神。沈宏非问我："吃得出来么？糟卤里，添了一点点东西。"我猜是桂花，没有猜对。正确答案，是花椒油。听完颔首不止，灵的。隔日询问沈宏非，得知，这个糟钵头，出自肆拾陆宴私房菜。

桌上各位，头盘大事，一人一只宁波酱蟹，缓缓拆。我怪癖，不喜头盘食蟹，螃蟹至鲜至浓，滋味霸道，开局即食，往后的饮食，百物皆无味了。螃蟹最好，是食至半饱，换上温暖黄酒清酒，换上软熟声色话题，一边拆蟹，一边笑到颠倒，如此最是称心。

拆蟹人忙，沈宏非亦忙，忙一碗盏火腿冬瓜汤，忙前忙后，忙得春彦吃不消："沈公侬阿好坐下来一道吃泡饭？"

沈宏非端了一枚碗盏来，万字蓝花碗，碗底两切玉色冬瓜，三枚极薄的西班牙火腿，然后手擎一只竹壳暖瓶，自暖瓶中，倾出一碗盏火腿汤，一撮细细芦蒿碎，伴随一句贴心闲话，暖暖胃来。火腿汤亦清亦厚，进退雍容，极有分寸。火腿汤最忌太杀伐，火腿本职是托举，一个凶字冲出来，就蠢不可言了。食了半碗，明白这碗汤貌似家常，其实不然。询问沈宏非，果然有讲究，是取西班牙火腿的骨，剔净之后，火中燎过，炖得的清汤。如此隽汤，不免连进两碗盏，沈宏非看我胃口恢宏，默默往我碗盏里添了一轮西班牙火腿。还好春彦在对面埋头拆蟹不曾看见，若不幸落在春彦眼中，不免大言炎炎斥我馋。

泡饭端上来的时候，一清二白，非上海土著，不会热泪盈

· 傍晚时分的柯灵故居

· 新乐路上的东正教堂

· 俯视长乐路

· 徐家汇教堂

·《红与黑》翻译家罗
玉君故居（永嘉路）

· 南京西路重华新邨

眍。沈宏非讲，饭是早上煮的，晾了一天。泡饭之饭，是不宜进冰箱的。水是滚水，开水淘淘，淘这个动词，真真稳准狠，从前上海人家的窘困早餐，如今被万恶的岁月，提炼成了经典。这一款，是硬泡饭，偏宁波口味，宁波人是上海的一支大脉，硬泡饭是上海泡饭里的一朵名花。另一路的泡饭，讲究于早晨刚刚生起的煤炉上，以死样怪气的微弱炉火，略略煮个小滚，那是软泡饭了。硬泡饭喜欢的人比较多，软泡饭黏腻不清爽，鄙夷的人比较多。侬看侬看，泡饭也是可以写出流派来的。

　　泡饭小菜，碟碟精致，天南海北，就不一一细述了。饭后甜物，前有隔壁甬府送上来的宁波汤团，至润至细，迷人深深。后有冰蜜桃以及粉荔枝，并一味冰至齿冷的贵腐甜酒。喜欢的饭后甜物一而再再而三地绵绵不绝端上，那晚奕青小姐举着纤手，于澄澄灯火下，撕剥淋漓水蜜桃的一景，so so sexy，看得我迷离了一双眼睛。春彦食到此时此刻，开始活蹦乱跳，原地起立，手舞足蹈学这个学那个，众人拍桌子拍大腿，笑到滴滴软。

　　临别，沈宏非一人一袋子礼物伴送，别人的袋子我看不见，我的，是一枚旧物玻璃花瓶，像林风眠的画中物；一盒子过泡饭的草头干，鹿园的师傅过年时候自崇明收来的；以及，一把细嫩芦蒿。

　　夜里跟沈宏非致谢，darling，连泡带拿，的的良宵。

· 不是大马戏

上海老男人的层峦叠嶂

夏木阴阴的清晨，略略梳洗，下楼去襄阳路吃碗早面。

周末的面馆里，比常日闲散，吃客们没有匆匆吃了面、赶路上班上学的仓惶，老客人们吃吃面，讲讲闲话，状况很像西方的酒吧，人人有自己固定的座位、固定的口味，老板一望即知的默契在胸，一一像极了。这日老板一面立在店堂内挥斥方遒，一面讲上海夜市。

"上海要搞夜市，关键么，是要人家真的不想回家，侬看日本人，深夜食堂，人家是真的不想回家，格么搞得好。上海哪能来赛？上海老婆这么凶。"

众吃客笑得此起彼伏。

老板一点不笑，继续讲："现在搞夜市，欢喜搞一条街，不对的，夜里出来白相么，是要一点一点白相过去的。南昌路看看一家小店，白相一歇。弯到雁荡路，弄碗冰冻绿豆汤吃吃。再穿到重庆南路，看看人家斗蟋蟀。一个夜里，串来串去，可以玩很久。现在弄一条街，大家卖差不多的东西，五分钟从头走到尾，统统白相好了，有啥意思？弄得像吗？"

隔日清晨，春彦打电话来："妹妹侬起来了吗？一道吃早饭好不好？我想吃啥？我想吃碗好一点的面。格么，还是复兴中路春园吧，百年老店，吃得过去。"半个小时后，与春彦两身薄汗，立在春园的店堂里，聚精会神钻研密密麻麻的水牌，黄鱼面、鳝丝面、辣酱面、罗汉上素面，举棋不定，斟酌再四。格么格么，一碗黄鱼面，一碗辣酱面，一碗麻酱拌馄饨。春彦忙着汇大钞，我四顾捡了张桌子，甫坐下，店堂边角，于无声处，忽然一声咆哮，"春彦春彦"。一回头，春彦拍记大腿，眉开眼笑一路小跑奔过去："民工民工，腰细垮了，哪能吃碗面就碰着侬了？妹妹侬快点过来，看看看看。"

我捧着面筹码移桌过去，见一壮汉，十足民工打扮，着件黑背心，光脑袋，一身灿烂肌肉，汗流浃背，在那里大捞大捕，面前是麻酱拌面牛肉汤。

"阿仁啊，哈哈，阿仁。"

春彦八十岁，阿仁七十四岁，两枚久违的老兄弟，于三伏天清晨的面馆里，热气腾腾，杀气腾腾，不期而遇。

阿仁，漫画家，某报纸的前副总编，某大学视觉艺术学院前院长，上海滩叱咤风云的文化哪吒，退休之后，息影江湖，一切电话皆不听。省得分辨好人坏人，吃力来兮，统统不听。

阿仁讲："我经常来春园吃面的啊，永远麻酱拌面牛肉汤，17块钱，吃得起的。今朝骑电瓶车，从古北，过来买六月黄，今年跟去年一样价钱。"春彦老起劲地问："格么几钿一斤？"阿仁说："45块一斤，称一斤，夜里陪百岁老母亲吃小老酒拆六月黄，买好蟹么，过来吃面，哪能想得到碰着老阿哥。"

春彦问："老伯母身体好？"

阿仁讲："好得不得了，我弄点事情给她做做，让她生活自理，就是动作慢点，像慢镜头电影，有啥要紧？反正有的是时间。每天还能自己洗澡，姆妈进浴室洗澡，我在外间，把电视机关静音，仔细听浴室情况，我跟姆妈讲好的，一有不对，姆妈就扔碎一件东西，我在外间听见，马上就冲进去救人。"

"我以前做记者的时候，去采访过滑稽戏泰斗杨华生先生的胞妹绿杨，老太太很长寿，将近百岁了，问伊长寿秘诀，老太太讲：'活得凶，喜得快。'讲得好吧？人生最苦，是喜来喜去喜不掉。"

放下面碗，走走走，对面思南公馆吃咖啡去。

阿仁讲："我穿背心，民工打扮，咖啡馆不让我进去的。"

春彦讲："我衬衫脱掉，陪侬穿背心，我们坐了露天吃咖啡，吃香烟也方便。"

于是三伏天36度的酷热蒸腾里，我们三个神经病，热汗淋漓，吐着舌头，坐在思南公馆吃咖啡，一吃，吃了旷世惊人的四个钟头。临走之前，把一斤六月黄，寄存在春园的冰箱里，谢天谢地。

阿仁讲："从前，我去当某大学视觉艺术学院院长的时候，第一件事情，请学院里所有的教授，每个人至少五幅作品，挂在办公室走廊上。我一路看过去，一遍看好，我心里有数了，这帮教授，你们还是好好钻研业务，快点提高绘画水平吧，其他事情都不要来跟我搞了。

"然后么，新生开学了，我院长，要跟新生讲话的，讲就讲。我叫所有老师，统统去上课，不许听我跟新生讲话，门关起来。我开始讲了，第一句，恭喜各位，考进我们学院。第二句，考进来，没啥稀奇，现在大学录取率七成八成都有了，考上，是大流，考不上，才稀奇，才是人才。第三句，进了我们学院，要靠自己努力学习，不能靠老师靠教授，我跟你们讲，有本事的画家，都在社会上，不会到学校里来的。这个话，怎么能让老师听见呢？所以我门关起来跟新生讲的。吼吼，我讲得有水平吗？"

春彦笑煞了，跟我讲："粉碎'四人帮'那年，1976年，我三十五岁，阿仁二十九岁。有一日我走过南京路中百公司，看见一个年轻人，爬在极高的梯子上，一手拎墨汁，一手拿画笔，在墙壁上画巨幅的'四人帮'头像，一只面孔，比圆台面还大，哦哟哦哟，江青画得像画得准。我吓一跳，这个什么人啊，年纪轻轻，画得这么好？立定了脚，看伊画。"阿仁笑成一团粉："我那个时候在面粉厂技校教体育，面粉厂，呵呵，有的是面粉，调糨糊，糊巨幅白纸，画得大啊。第二天，淮海路南京路，都是我画的打倒'四人帮'。再过几天，上海的马天水、王秀珍、徐景贤，还没有宣布打倒，我已经又在街头画巨幅的三个人的像了。有一日我爬在高梯子上画，就听见梧桐树下面有人轻声在叫我，阿仁阿仁，我透过梧桐树叶看下去，看见戴敦邦立在树下，跟我讲：'腰细了，侬闯穷祸了，他们三个人，还没有打倒啊。'"

阿仁讲："我小时候小学两年级，妈妈送我去学素描，小学四年级去少年宫，跟乔木先生学画。初一时候，去哈定画室，跟哈先生学画。'文革'时被弄到农场里，农场需要会画的人，那么多革命画要画，那么多革命标语要写。进去考试，临摹《毛主席去安源》，我两个钟头，临好了，跟印刷品一样，挺括啊，看看其他人画的，蹩脚得来，好跟我比吗？从此，全农场，几十只连队，所有的革命画、革命标语，都是我弄的。我字写得多少好看啊，一手魏碑。一年到头，没机会干农活的，统统在画图，最后一个连队画好，第一个连队的，已经褪色褪得差不多了，又要画了。

"后来到报社工作，我写过很多上海画家的稿子，我有个思路的：画家画得好，我就写伊画得好；画家人好，我就写伊人好。画也画得好，人也好的，基本上没有的。"我和春彦流着热汗笑得颠倒，阿仁一口气不喘，继续讲："中国画家的关键问题，是没文化，春彦侬，侬就是太有文化了，浑身上下，滴滴答答，全是文化，所以被人家恨煞。

"一个人，一辈子遇到好的领导，是莫大的福气，爷娘管不了你的前途，好的领导，赛过再生父母，给你前途，给你天地，太难得了。我一辈子遇到很多好领导，春彦侬一辈子从来没遇到过好领导。我每趟闯穷祸，领导被我气煞了，哇啦哇啦，要拿我开除出党，想想又不舍得了，给我一个严重警告，严重警告就是吃张黄牌。

"我的老领导，束纫秋先生，伊考察年轻人，有他的办法，叫年轻人跟他去出差一趟，跟侬同吃同住，有点像现在的试婚。我有次跟他去出差，束老叫我跟伊眠一个房间，我想这么一来我要走油了，动脑筋跟束老摆噱头，我讲夜里眠觉要打呼噜的，不能眠一个房间的。束老同意了，让我眠隔壁房间。有天晚上，住在一个招待所里，整层楼只有一个电视机，大家聚在一起看泰森打拳击比赛，打了几个回合，束老跟我讲：'阿仁啊，肚皮饿了，侬下去跟厨房讲一句，请他们下一点猫耳朵来吃吃。'我那个时候年轻，心里贪了看泰森打拳，想想还有最后几个回合，看好再去弄猫耳朵。结果看好比赛，我已经忘记了，束老自己去厨房安排弄好了，跟我讲：'我的一碗猫耳朵已经吃掉了，还有一碗在这里，是你的。'唉，为了这碗猫耳朵，后来束老故去之后，我惭愧了很久，老先生老领导，想吃碗猫耳朵，我都没有弄好。

"老领导赵超构先生，是我恩人，大恩大德，恩重如山。赵先生故世，灵堂是我去扎的。我拿史美诚先生寻来，当年上海万吨轮下水，那个红绸球，都是史先生扎的，扎得大，扎得好，我请伊来扎赵超构先生的灵堂，通宵，十几个小时，灵堂弄得赞啊。第二天一大早，殡仪馆来跟我讲，他们要进来拍录像，殡仪馆从来没有看见过这么赞的灵堂。我算对得起恩人了。

"我自己的父亲，1957 年被打倒，自杀了四次，前面两次吃药，救回来了。第三次，割腕，流了一亭子间的血，还是救回来了。第四次，跳了黄浦，这次走成功了。

"我六十岁生日的时候，自己跟自己把生前追悼会开过了，挽联：六十年风风雨雨，一辈子跌跌冲冲；横批：死给你看。遗体上么，盖块麻将布算了。

"我给人画图，不盖章子的，印一只大拇指印，印右手大拇指的，是我画得开心画得情愿的；左手大拇指的，是我不高兴画的。等我喜了，你们按照这个原则鉴定我的画好了，很方便的。

"人生有啥呢？不过是大家一道撑撑船，渡渡河，而已。"

春彦讲："我要是跟侬一道去做和尚，阿拉两个人，肯定是和尚里画得最好的。"阿仁讲："阿哥，我跟侬去做和尚可以的，后门要开个荤灶头的。"

"现在的画家太蹩脚了，拿连环画放放大，他们就算国画了。

"世界上的事情，是很厉害的，永远不要以为自己什么都知道。从前有次我坐公交车，26路，淮海路上开的，车子挤得腰细，上来个怀抱婴儿的妇女，我拍拍坐在座位上的一个年轻人，叫伊让只座位出来。年轻人朝我翻翻白眼，不肯让，坐着就是不让。我气来，开始打他，我站着，他坐着，他怎么打得过我？打不过我，他叫起来，讲他不让座是有原因的，啪地一下，他挖了一只眼珠子下来，说：'我一只眼睛是义眼，假眼睛，我是残疾人。'我被他吓煞了，一只眼珠子拍在手心里，从前的国产义眼，质量很差的，很吓人。妹妹，这是真的事情，我不骗你。"

足足四个钟头，阿仁一路快板，讲得意兴飞扬，平日里算得会讲话的春彦，这半日，连开口的机会都不太有。阿仁的通篇，简直是一个民工的豆蔻年华，烫金智慧亦有，线装幽趣亦有，我和春彦，除了热汗淋漓，只剩了笑得颠倒，太奇异的三伏天奇遇。春彦屡屡叹息，巧得岂有此理。两枚上海老男人，包浆照人的一生岁月，于酷暑之中，热气腾腾，杀气腾腾地，横扫了一遍。

临别，阿仁回去春园取六月黄和电瓶车，返家陪伴老母亲；春彦与我去逛书店。

岁月及人，darling，谁款款，与从容。

| 后记 |

　　上海饭局依然在绵延和继续，于夜夜清醒中生生不息，我甚至已经习惯了一坐下吃饭，便于琳琳琅琅的杯碟边，见缝插针地铺排笔记簿和钢笔，如前辈蒲松龄那样，柳荫底下备妥了茶水，虚席以待。于每一次不期而遇的饭局上，听得拍案，食得忘忧，而事后的私人记录，成为卓然的余兴，力争绕梁三日。如此的饮食生活，回甘无穷，鼓舞我于人生丰盛的中年，勇往直前。

　　书亮和力奋，两位挚友贡献的油画和写真，为本书增色，亦为我心中和笔下添暖。

　　我亲爱的主编岚岚，责任编辑苏宜、佳彦，三位可亲可爱的小姐，为本书付出了宝贵的时间、精力，以及精辟的意见。

　　感恩所有的遇见，我是如此地珍惜这一切。

2022 年 9 月

图书在版编目(CIP)数据

上海饭局/石磊著. —上海:学林出版社,2022
ISBN 978-7-5486-1848-5

Ⅰ. ①上… Ⅱ. ①石… Ⅲ. ①饮食-文化-上海
Ⅳ. ①TS971.202.51

中国版本图书馆 CIP 数据核字(2022)第 129710 号

责任编辑 许苏宜　石佳彦
装帧设计 今亮后声
插　　图 夏书亮　张力奋

上海饭局

石磊 著

出　　版　**学林出版社**
　　　　　　(201101　上海市闵行区号景路 159 弄 C 座)
发　　行　上海人民出版社发行中心
　　　　　　(201101　上海市闵行区号景路 159 弄 C 座)
印　　刷　上海颛辉印刷厂有限公司
开　　本　890×1240　1/32
印　　张　11
字　　数　20 万
版　　次　2023 年 2 月第 1 版
印　　次　2023 年 4 月第 2 次印刷
ISBN 978-7-5486-1848-5/G·690
定　　价　68.00 元

(如发生印刷、装订质量问题,读者可向工厂调换)